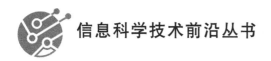

信息科学技术前沿丛书

超音频脉冲方波变极性 TIG 焊控制及应用研究

李　伟　江慧娜　黄松涛　著

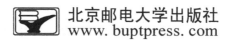

北京邮电大学出版社
www.buptpress.com

内 容 简 介

超音频脉冲方波变极性 TIG 焊接技术是目前焊接领域的一种新型技术,它在传统的 TIG 焊接技术基础上融合了超音频脉冲和方波变极性焊两种先进技术手段,能够显著提高铝合金焊接质量,具有广阔的市场应用前景。

本书第 1～4 章对超音频脉冲方波变极性 TIG 焊接电源平台的主电路拓扑结构和控制系统设计方案、波形控制策略及数字化 PWM 输出实现原理、主变压器偏磁产生原理及抑制手段进行了深入介绍;第 5～7 章主要介绍了在该电源平台上开展的试验研究,包括电流特征参数一元化调节方案的实现过程和多种材料的焊接适用性试验研究结果等内容。

本书旨在帮助研究人员和学生更深入了解超音频脉冲方波变极性 TIG 焊接技术,同时也希望通过本书的出版推动这一先进焊接技术在实践中的推广和应用。

图书在版编目（CIP）数据

超音频脉冲方波变极性 TIG 焊控制及应用研究 / 李伟,江慧娜,黄松涛著 . -- 北京：北京邮电大学出版社,2024. -- ISBN 978-7-5635-7278-6

Ⅰ. TG4

中国国家版本馆 CIP 数据核字第 2024EB2122 号

策划编辑：马晓仟　　责任编辑：刘　颖　　责任校对：张会良　　封面设计：七星博纳

出版发行：北京邮电大学出版社	
社　　址：北京市海淀区西土城路 10 号	
邮政编码：100876	
发 行 部：电话：010-62282185　传真：010-62283578	
E-mail：publish@bupt.edu.cn	
经　　销：各地新华书店	
印　　刷：保定市中画美凯印刷有限公司	
开　　本：720 mm×1 000 mm　1/16	
印　　张：13	
字　　数：248 千字	
版　　次：2024 年 8 月第 1 版	
印　　次：2024 年 8 月第 1 次印刷	

ISBN 978-7-5635-7278-6　　　　　　　　　　　　　　定　价：68.00 元

前　　言

铝合金材料具有热导率和氢溶解度高、易氧化等物理特性,采用传统变极性TIG焊工艺对其进行焊接加工时,容易出现裂纹、气孔及热影响区软化等缺陷。作为铝合金焊接工艺优化的有效手段,高频脉冲电弧调制对金属的结晶过程和熔池中气体的逸出均有很好的作用效果。集超音频脉冲调制功能和变极性功能于一体的超音频脉冲方波变极性TIG焊电源,因其可实现脉冲频率大于或等于20 kHz的复合脉冲调制变极性电流输出,且具备快速电流沿变化率($\mathrm{d}i/\mathrm{d}t \geqslant 50\ \mathrm{A}/\mu\mathrm{s}$),在消除焊缝气孔缺陷、改善焊缝成形以及提高焊接接头性能等方面具有明显效果。解决目前超音频脉冲方波变极性TIG焊电源中存在的制约其推广应用的问题,使其满足高质量自动焊接需要,对推动我国航空航天工业技术的发展有着重要意义。

本书结合实际应用场合高质量焊接生产需要,针对当前超音频脉冲方波变极性TIG焊电源样机中存在的局限性,主要对复合超音频脉冲方波变极性TIG焊电源控制系统的实现和波形控制技术进行了研究。本书以高强铝合金为试验对象,结合焊缝成形和电弧压力试验提出了电流特征参数一元化调节协调匹配功能的实现方案。本书所做研究主要包含以下几方面内容。

(1)焊接电源数字化控制系统和人机交互系统研究。对控制系统进行功能需求分析,选用DSP+MCU的系统设计方案,构建主从式双CPU控制系统,实现数字化电源的实时控制和其他辅助控制功能。基于大尺寸触摸屏设计抗干扰能力强的数字化人机交互系统,以实现电流特征参数的便捷调节和给定。在此基础上,结合自动焊接需要,实现超音频脉冲方波变极性TIG焊过程的自动控制。

(2)焊接电源波形变换和控制技术研究。根据焊接工艺过程控制对输出电流波形变换的要求,对所采用的新型电源主电路拓扑结构中PWM信号进行需求分析,提出了一种由DSP+CPLD产生数字化PWM输出的实现方案,能够有效实现前级峰值电流切换电路以及后级桥式极性变换电路的同步变换,从而实现具有快速沿变化速率且过零无死区的复合超音频脉冲变极性方波电流输出。

(3)半桥式逆变电路主变压器磁工作状态的研究。分析半桥式逆变电路主变压器的磁工作过程、磁不平衡状态和导致磁不平衡的原因。设计开关管驱动脉冲差异试验研究主变压器的偏磁饱和过程并建立动态模型,从而进行理论分析,为逆变器的设计和主变压器偏磁饱和的抑制提供理论依据。

（4）铝合金超音频脉冲方波变极性 TIG 焊焊缝成形以及电弧压力试验研究。以高强铝合金为试验材料,分析电流特征参数对焊缝成形和电弧压力的影响规律,确立使焊接电弧呈现较强综合热-力作用效果的电流特征参数的取值范围,在此基础上选定合适的调节量,实现电流特征参数的一元化调节协调匹配功能。

（5）铝合金超音频脉冲方波变极性 TIG 焊适用性及应用研究。对焊接接头的焊缝成形、显微组织以及接头力学性能等因素进行分析,检验超音频脉冲方波变极性 TIG 焊技术的焊接适用性,并验证基于参数一元化调节协调匹配自动给定参数方案的可行性。

（6）不锈钢超音频直流脉冲 TIG 焊适用性及应用研究。对超音频直流脉冲 TIG 焊电弧行为、焊接接头的焊缝成形、显微组织以及接头力学性能等因素进行分析,检验超音频直流脉冲 TIG 焊技术的焊接适用性,并对电源平台上柔性化实现多种焊接工艺进行验证。

最后,在此衷心感谢一路走来的所有同窗、老师、朋友和同事。本书参阅了国内外大量的资料,未能一一列出,借此向这些著作和文献资料的作者表示衷心的感谢。此外,感谢北京邮电大学出版社给予的大力支持。

李 伟
2024 年 3 月

目　　录

第1章　绪论 ……………………………………………………… 1

1.1　课题背景和意义 ……………………………………………… 1

1.2　超音频脉冲方波变极性 TIG 焊技术研究现状 ……………… 3

  1.2.1　超音频直流脉冲电弧焊技术 ……………………………… 3

  1.2.2　国外研究与发展现状 ……………………………………… 5

  1.2.3　国内研究与发展现状 ……………………………………… 7

  1.2.4　存在的主要问题 ………………………………………… 14

1.3　关键技术问题研究 …………………………………………… 14

  1.3.1　焊接电源数字化解决方案 ……………………………… 14

  1.3.2　波形变换和控制策略 …………………………………… 19

  1.3.3　参数一元化调节协调匹配技术 ………………………… 21

  1.3.4　桥式逆变电路抗偏磁的研究与发展现状 ……………… 23

1.4　本书主要研究内容 …………………………………………… 27

第2章　超音频脉冲方波变极性 TIG 焊电源平台 ……………… 29

2.1　超音频脉冲方波变极性 TIG 焊机主电路方案 …………… 29

  2.1.1　主电路结构方案 ………………………………………… 29

  2.1.2　超音频直流脉冲 TIG 焊机的基值、正(反)向峰值电流产生主回路…… 31

  2.1.3　超音频直流脉冲 TIG 焊机的正(反)向峰值电流切换回路 …… 32

  2.1.4　复合超音频脉冲方波电流的产生过程 ………………… 33

2.2　电源控制系统方案设计 ……………………………………… 36

  2.2.1　控制系统功能要求 ……………………………………… 36

  2.2.2　双 CPU 控制系统设计方案 …………………………… 36

2.3　电源控制系统硬件设计 ……………………………………… 38

  2.3.1　主要控制芯片选择 ……………………………………… 38

2.3.2 电流给定及测量模块 ……………………………………… 41

2.3.3 电弧电压测量模块 ……………………………………… 43

2.4 人机交互系统设计 ……………………………………………… 44

2.4.1 人机交互部分系统硬件设计 …………………………… 44

2.4.2 人机交互系统软件实现 ………………………………… 46

2.5 主开关管的驱动 ………………………………………………… 48

2.5.1 基值、峰值电流产生回路主开关的驱动 ……………… 49

2.5.2 峰值电流切换回路主开关的驱动 ……………………… 51

2.6 主开关管的保护 ………………………………………………… 52

2.6.1 主开关管 IGBT 过流保护 ……………………………… 52

2.6.2 主开关管 IGBT 过压保护 ……………………………… 53

2.6.3 过热保护 ………………………………………………… 55

2.7 控制系统软件设计 ……………………………………………… 55

2.7.1 数字 PID 控制算法 ……………………………………… 55

2.7.2 工艺参数存储及自动给定 ……………………………… 57

2.7.3 焊接过程控制 …………………………………………… 59

2.8 控制系统抗干扰措施 …………………………………………… 60

2.8.1 硬件抗干扰 ……………………………………………… 61

2.8.2 软件抗干扰 ……………………………………………… 61

本章小结 ……………………………………………………………… 63

第 3 章 超音频脉冲方波变极性 TIG 焊波形控制 …………………… 64

3.1 超音频脉冲方波变极性 TIG 焊波形变换和控制策略 ………… 64

3.1.1 桥式极性变换电路波形变换和控制 …………………… 65

3.1.2 正反向脉冲峰值电流切换电路波形变换和控制 ……… 71

3.2 数字化 PWM 输出实现方案 …………………………………… 77

3.3 数字化 PWM 输出的软件设计 ………………………………… 78

3.3.1 用 DSP 实现基准变极性 PWM 和基准脉冲 PWM 输出 …… 78

3.3.2 用 CPLD 实现变极性 PWM 和复合调制 PWM 输出 …… 82

3.4 快速变换复合超音频脉冲变极性方波电流的实现 …………… 84

3.4.1 超音频脉冲方波变极性电流的实现 …………………… 85

3.4.2 超音频脉冲方波直流电流的实现 ……………………… 87

本章小结 ……………………………………………………………… 89

第 4 章　半桥式逆变电路主变压器的磁分析 ································ 91

4.1　半桥式逆变电路主变压器铁心的工作状态 ······················ 91

4.1.1　半桥式逆变电路主变压器铁心的理想工作状态 ··········· 91

4.1.2　半桥式逆变电路影响磁通平衡的主要因素 ··············· 95

4.1.3　半桥式电路主变压器的偏磁、磁不平衡状态及其产生过程 ··· 96

4.1.4　半桥式电路主变压器的单向偏磁饱和电流 ··············· 99

4.2　主变压器工作状态对铁心材料和 PWM 控制方式的要求 ········ 104

4.2.1　主变压器工作状态对铁心材料的要求 ················· 104

4.2.2　主变压器工作状态对 PWM 控制方式的要求 ············ 106

4.3　半桥式逆变电路磁通平衡与不平衡的动态过程分析 ············ 108

4.3.1　正、负脉宽不一致导致的磁平衡与磁不平衡过程 ········· 108

4.3.2　开关管导通电阻差异导致的磁不平衡 ················· 111

4.3.3　其他因素导致的磁不平衡 ························· 113

4.4　半桥式逆变电路磁通平衡与不平衡试验 ····················· 113

4.4.1　脉宽差异导致的偏磁饱和试验 ····················· 113

4.4.2　脉宽差异导致的偏磁饱和试验理论分析 ··············· 115

4.5　基于双端 PWM 数字逻辑生成法的偏磁抑制措施 ·············· 118

4.5.1　桥式逆变电路偏磁状态的检测 ····················· 118

4.5.2　数字逻辑生成法抑制偏磁的具体实施方式 ············· 120

本章小结 ··· 123

第 5 章　电流特征参数一元化调节协调匹配 ······················· 125

5.1　试验研究方案 ·· 125

5.1.1　复合超音频脉冲方波变极性 TIG 焊电流特征参数 ········· 125

5.1.2　焊接试验材料 ································· 128

5.2　复合超音频脉冲变极性电弧行为 ··························· 130

5.2.1　HPVP-TIG 电弧电学特性 ······················· 131

5.2.2　HPVP-TIG 电弧工作形态及其稳定性 ················ 136

5.3　脉冲电流特征参数对电弧压力的影响 ······················ 140

5.3.1　脉冲电流频率对电弧压力的影响 ··················· 141

5.3.2　脉冲电流占空比对电弧压力的影响 ················· 142

5.3.3　脉冲电流幅值对电弧压力的影响 ··················· 143

　　5.3.4　脉冲电流参数对电弧压力的影响规律分析 ······· 144

　5.4　脉冲电流特征参数对焊缝成形的影响 ·········· 146

　　5.4.1　试验方法 ·························· 146

　　5.4.2　脉冲电流频率对焊缝成形的影响 ·········· 147

　　5.4.3　脉冲电流幅值对焊缝成形的影响 ·········· 151

　　5.4.4　脉冲电流占空比对焊缝成形的影响 ········· 153

　　5.4.5　脉冲电流参数对焊缝成形的影响 ·········· 155

　5.5　电流特征参数一元化调节协调匹配方案 ········· 156

　本章小结 ······························· 159

第 6 章　超音频脉冲方波变极性 TIG 焊接适用性试验 ······· 161

　6.1　超音频脉冲方波变极性 TIG 焊铝合金焊接质量及性能分析 ····· 161

　　6.1.1　试验方法 ·························· 161

　　6.1.2　焊缝成形及缺陷检测 ·················· 162

　　6.1.3　焊缝显微组织 ······················ 165

　　6.1.4　焊缝力学性能 ······················ 169

　6.2　典型铝合金试验样件焊接加工 ············· 173

　　6.2.1　低温燃料贮箱锁底结构模拟样件焊接 ········ 173

　　6.2.2　异种铝合金薄板模拟样件焊接 ············ 175

　本章小结 ······························· 177

第 7 章　超音频脉冲 TIG 焊不锈钢焊接适用性试验 ········ 178

　7.1　超音频直流脉冲 TIG 焊电流特点与电弧特性 ······· 178

　　7.1.1　超音频直流脉冲电源不锈钢 TIG 焊接电流波形 ····· 178

　　7.1.2　超音频直流脉冲电源不锈钢 TIG 焊接电弧特性 ···· 180

　7.2　超音频 TIG 焊对焊缝组织的影响 ············ 182

　7.3　超音频 TIG 焊对焊接接头性能的影响 ·········· 185

　　7.3.1　材质为 301L 奥氏体不锈钢的焊接接头性能试验 ··· 185

　　7.3.2　材质为 0Cr18Ni9Ti 奥氏体不锈钢的焊接接头性能试验 ·· 186

　本章小结 ······························· 189

结论与展望 ····························· 190

参考文献 ······························· 192

第1章

绪　论

1.1　课题背景和意义

铝合金材料是航空航天工业中的主要结构材料,世界各国的民用飞机上铝合金占据了结构材料重量的 70%～80%,军用飞机上超高强度等高性能铝合金材料的用量也在快速增加。美国阿波罗飞船的指挥舱、登月舱以及航天飞机氢氧推进剂贮箱、乘务员舱等均采用铝合金作为主要结构材料,我国研制的各种大型运载火箭等也广泛选用了铝合金作为主要结构材料。国外推进剂贮箱的结构材料已从第一代 Al-Mg 系合金 5086 和 AMГ6,第二代 Al-Cu 系合金 2014 和 2219 发展到第三代 Al-Li 系合金 1460 和 2195。我国运载火箭推进剂燃料贮箱的结构材料由最开始的 Al-Mg 系 5A06 合金发展到 Al-Cu 系 2A14 和 2219 合金,其中 2A14 铝合金作为贮箱结构材料使用至今,而 Al-Cu 系 2219 高强铝合金则被确定为我国新一代运载火箭贮箱的结构材料。另外,1421、1460 和 2195 等 Al-Li 系合金和部分超高强铝合金材料的焊接加工工艺也已进入试验研究阶段。除上述工程应用外,铝合金在现代核工业、装甲车辆、舰艇船舶以及交通运输等领域也得到了越来越广泛的应用。

铝合金因其独特和优异的物理、化学和机械性能以及良好的焊接成形工艺,被广泛应用于国防军事、航空航天、船舶车辆以及其他民用工业中,成为一种重要的轻金属结构材料。现代航空飞机、发动机和航天器中某些关键部件的特殊性能的要求大大促进了新型铝合金材料的发展,同时对铝合金构件重要成形和关键制造工艺之一的焊接方法也提出了更高的要求。已有研究结果表明,焊接接头软化严重、塑性差以及焊缝气孔、裂纹等焊接缺陷的高度敏感等成为制约新型高强度铝合金材料实际工程推广应用的首要问题。

焊接技术是先进制造技术的重要组成部分,广泛应用于国民经济的各个领域,并已成为目前航空飞机和航天飞行器等研制和生产过程中的主导工艺方法之一。电弧焊作为应用最广泛的一种焊接技术,也是我国新型战机、大型军用运输机、航天飞行器中很多关键结构件以及航空发动机零部件的关键制造工艺之一。然而,使用传统的电弧焊接工艺对作为航空航天重要结构材料的高强铝合金进行焊接时,容易产生焊缝气孔、接头软化等焊接缺陷,难以满足实际应用的需求。因此,研究新型电弧焊接方法,改善和提高焊接接头的质量,对推动我国航空航天工业技术的发展有着重要意义。

针对高强铝合金的焊接需求发展起来的变极性 TIG 焊接技术,可根据需要控制焊缝两侧氧化膜清理区宽度,以最大限度减少直流钨极接正(DCEP)时间,使焊接电弧特性向直流钨极接负(DCEN)TIG 电弧行为靠近,从而提高电弧稳定性,实现阴极清理、钨极烧损和焊接热效率的最优匹配。然而,对铝合金变极性焊接的大量研究表明,尽管变极性 TIG 焊可以降低焊缝裂纹和气孔等焊接缺陷,但在实际应用中依然存在接头软化等问题,从而降低铝合金焊接构件的承载能力,难以满足航空航天领域关键零部件高质量的焊接需要,有必要在变极性 TIG 焊接工艺基础上提出一些改进措施,从而达到改善焊接电弧特性和提高焊缝力学性能的效果。

施加脉冲电流是金属材料制备过程中控制金属凝固组织和提高成形性能的重要手段。脉冲弧焊技术正是通过在焊接过程中加入脉冲能量,从而有效控制电弧能量状态,达到改善焊缝成形质量和接头性能的目的。由于焊接过程中脉冲能量的加入不需要外加设备,仅通过调节电源输出特性便可实现,该优越性使得脉冲弧焊技术不仅广泛应用于 TIG、MIG 焊接过程中,而且在混合气体保护焊、等离子弧焊等工艺中也得到广泛应用。对脉冲 TIG 焊接方法的研究结果表明,对自由电弧进行脉冲电流调制,可以有效提高电弧压力,且当调制脉冲频率达到较高频率时焊接电弧能够产生高频效应,大大增强焊接电弧的稳定性。与此同时,高频脉冲电弧具有高频振荡与熔池搅拌的耦合效应,对熔池液态金属的结晶过程以及熔池中气体的逸出均有很好的作用效果,该效果在铝合金焊接中尤为显著,使得高频脉冲电弧调制已成为用于铝合金焊接工艺优化和提高焊接接头综合性能的新工艺措施。

鉴于高频脉冲电弧调制技术的优越性,近年来国内外一些研究机构和学者在将高频脉冲调制技术引入变极性 TIG 焊接过程方面做了初步研究工作。"十一五"期间,北京航空航天大学率先开展了超音频脉冲方波变极性 TIG 焊技术研究工作,基于新型主电路拓扑结构和控制方法已成功研制出超音频脉冲方波变极性

TIG 焊电源样机。应用该焊接电源样机进行铝合金焊接加工的初步实验结果表明,超音频脉冲方波变极性 TIG 焊接工艺对消除焊缝气孔等缺陷、改善焊缝成形以及提高焊接接头性能等方面具有明显效果。因此,解决目前所研制的电源样机上制约该新型焊接工艺推广应用中存在的主要问题,使其适应航空航天等国防工业领域铝合金高质量自动焊接的需要,具有重大的工程应用价值。

1.2　超音频脉冲方波变极性 TIG 焊技术研究现状

1.2.1　超音频直流脉冲电弧焊技术

传统直流脉冲电弧焊接是一种先进的焊接工艺方法,一直以来国外诸多焊接研究学者对于直流脉冲电弧焊都有着很大的兴趣,并取得了一些研究进展。印度 Annamalai University 的 V. Balasubramanian 等人将低频脉冲(脉冲电流频率为 2~6 Hz)钨极氩弧焊工艺用于 Al-Zn-Mg-Cu 系高强度铝合金 7075 和 Al-Mg-Si 系铝合金 6061 等材料的焊接加工,研究结果表明脉冲焊接有助于改善和提高焊接接头的力学性能。R. Manti 等人试验研究了脉冲电流参数(脉冲电流频率为 25~50 Hz,占空比为 40~50%)对 Al-Mg-Si 铝合金焊缝组织性能的影响,结果表明脉冲电流频率和占空比等脉冲特征参数对焊缝组织结构和接头性能会产生重要影响。T. Mohandas 等学者分别使用直流电弧焊和脉冲电弧焊(脉冲电流频率为 6 Hz)两种工艺进行超高强钢材料的焊接加工,试验结果表明脉冲电弧焊可明显细化焊缝晶粒,从而可改善并提高超高强钢焊接接头的力学性能。K. H. Tseng、G. Lothongkum 等学者将直流脉冲电弧焊接工艺分别用于 304L 等不锈钢材料的焊接加工,试验研究了脉冲电流频率(0.5~10 Hz)、占空比以及脉冲电流幅值等电流特征参数对不锈钢材料焊缝熔透成形和接头性能等方面的影响,结果表明脉冲电流特征参数对不锈钢材料的熔透成形和接头性能均产生了重要影响。M. Balasubramanian、N. K. Babu 和 S. Sundaresan 等国外学者试验研究了直流脉冲焊接工艺对 Ti-6Al-4V 钛合金材料焊缝金属组织结构及接头性能的影响,建立了直流脉冲电流特征参数(脉冲电流频率 0~12 Hz,占空比 35%~55%)与焊缝金属晶粒尺寸、接头性能之间的数学优化模型,研究表明脉冲电流的加入有助于细化焊缝组织并提高焊接接头的力学性能。

上述焊接学者对直流脉冲焊接工艺的研究主要集中在较低的脉冲频率,一般仅为几个 Hz,最高频率为几十 Hz。较高频直流脉冲焊接是一种先进的特种焊接工艺方法,20 世纪 70 年代初期,在研究铝板焊接时焊接界首先采用了高频脉冲焊接技术,一直以来国外的焊接研究学者对较高频的脉冲焊接技术都有着很大的兴趣,并取得了一些研究进展。日本 OTC 焊机公司推出的晶体管调制的直流脉冲 TIG 焊机 MICROTIG 具有一定的代表性,该焊机最大输出电流为 135 A,脉冲电流频率最高为 20 kHz,其较高频的脉冲(20 kHz 以下)使得电弧挺度和集中性增加,在特殊工况下具有非常优异的表现。G. R. Stoeckinger 对铝板的高频直流脉冲 GTA 焊接技术开展了一定的研究工作,他认为,当脉冲电流频率达到较高频率以后(20 kHz 以下),尽管在脉冲电流控制等方面存在明显不足,但电弧已经可以产生高频效应,焊接电弧稳定性大大增加,焊接电弧的挺度和能量密度增强,脉动电弧所产生的脉动压力以辐射的形式在熔池中传播,并引起熔池液态金属的高频振荡,从而直接影响熔池液态金属的结晶过程,细化焊缝组织,提高焊接接头的质量。实际焊接试验结果表明,高频脉冲电弧焊接能够明显提高铝合金板的焊接质量。G. E. Cook 等针对高频脉冲电流对 TIG 焊接电弧特性产生的影响进行了比较深入的理论研究和分析,通过对比在相同平均输入功率条件下直流电弧与高频脉冲电弧在电弧力作用等方面的差异,他得出如下结论:在焊接过程中高频脉冲电流的加入能够大幅增加电弧压力作用,且高频脉冲占空比越小,这种作用越明显;脉冲电流上升沿和下降沿的变化速率(di/dt)是其重要的特征参数之一,脉冲电流上升沿和下降沿的变化速率越快,对焊接过程的影响效果越显著。

国内诸多研究学者也对高频脉冲电弧焊技术开展了相关的研究工作。赵家瑞等人对高频脉冲电流 TIG 电弧焊接技术以及高频电流产生的高频压缩效应及其控制等方面开展了比较深入的研究工作,并取得了一定的成果。经过试验研究和分析认为,高频脉冲电流调制作用的加入可使焊接电弧产生显著的高频压缩效应,从而对焊缝熔池温度的分布状态、熔池液态金属的流动状态等方面产生明显影响,最终有助于改善和提高电弧焊接质量。另外研究还发现,脉冲电流频率、幅值等特征参数对焊接过程会产生重要影响,提高脉冲电流沿的变化速率有助于获得满意的焊接质量。

受到电源硬件电路设计原理、控制以及焊接输出回路电感等因素的制约,国外高频直流脉冲电弧焊的脉冲频率均不超过 20 kHz,电源输出脉冲电流幅值较小且电流波形已发生了严重畸变,脉冲电流存在一定持续时间的上升和下降时间(如图 1-1 所示,分别为 t_r 和 t_f),从而导致脉冲电流上升沿和下降沿的变化速率缓慢,di/dt

一般在 5 A/μs 以下,难以实现电流幅值达百安培以上超高频直流脉冲的电弧焊工艺,大大限制了高频脉冲电流在电弧焊接过程中的作用效果。

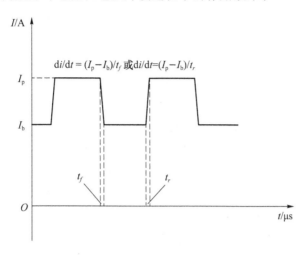

图 1-1　传统高频直流脉冲电流波形示意图

超音频直流脉冲方波电弧焊是一种全新的电弧焊接工艺技术,其脉冲电流幅值可达百安培以上,脉冲频率高达 20～100 kHz,电流沿变化速率 $di/dt \geqslant 50$ A/μs (与传统直流脉冲电弧焊接电流相比,提高了 10 倍以上)。目前,国外有关超高频直流脉冲氩弧焊方面的研究工作相对较少。这是因为,采用传统电源变换技术实现上百安培的超高频直流脉冲方波电流,直到今天为止还是十分困难的。同时,受焊接回路分布电感等参数的影响,采用常规焊接电源及其电路变换技术即使能够实现,其波形也将发生较大的畸变。同时,脉冲电流幅值的精确控制也无法得到保证,这是因为传统电弧焊焊接电流的控制均是通过电流负反馈闭环回路控制实现的。对于现代焊接电源的主流,无论是逆变焊机还是晶闸管焊机,要实现微秒级的精确控制和响应是不可能的。另外,超高频直流脉冲电流需要通过焊接电缆进行传输,由于超高频电磁效应等因素的影响其传输过程也存在着较大的问题。正是基于上述的原因,超音频直流脉冲电弧焊技术的研究和开发应用工作直到目前为止在国外尚未广泛开展。

1.2.2　国外研究与发展现状

变极性 TIG 焊接技术在高强铝合金的焊接过程中具有其他 TIG 焊接方法所无法比拟的优势。然而在传统变极性焊接中,由于铝合金材料的热导率和氢溶解度高、易氧化等物理特性,容易出现焊缝气孔、裂纹及热影响区软化等缺陷。随着铝锂合金及新型高强度铝合金结构材料在航空飞机和航天飞行器关键零部件等方面的开发应用,传统变极性电弧焊接技术已难以满足其实际焊接生产和应用的需要,国内外学者针对变极性电弧焊接技术提出了许多改进措施,随着变极性 TIG 焊接工艺性能等方面研究工作的不断深入,集脉冲调制功能和变极性功能于一体的脉冲方波变极性 TIG 焊接技术也逐渐受到国内外科技工作者的关注,但由于技术保密等方面的原因,国外关于脉冲方波变极性 TIG 焊接技术的文献资料较少。

加拿大黎波迪(LIBURDI)公司采用 LIBURDI PULSEWELD 极性变换装置专利技术研制的变极性电源可用于钨极氩弧焊和等离子弧焊接场合,已经在航空、航天等重要领域获得了较好的应用。该变极性电源可独立调节正、负极性电流和持续时间,同时还可以在正极性变极性方波电流持续期间进行高频脉冲电流调制,主要性能指标为:调制脉冲频率最高可达 10 kHz,占空比 0～100％连续可调;脉冲电流幅值仅为 15～20 A(对于 200 A 焊接系统)或 30～40 A(对于 400 A 焊接系统),经过高频脉冲电流调制后的变极性电流波形如图 1-2 所示。另外,LIBURDI公司生产的 LTP400-VP 型 VPPA 焊接电源,其空载电压为 65 V,最大输出电流为 400 A,变极性电流频率为 0～200 Hz,调制脉冲频率为 0～1 kHz,电流占空比为 5％～95％,可用于铝合金的 VPPA 焊接和变极性 TIG 焊接。实际焊接应用结果表明,在相同热输入的条件下,加入正极性脉冲电流调制的变极性电弧具有更大的电弧压力和电弧挺度,可以获得更好的焊接效果。

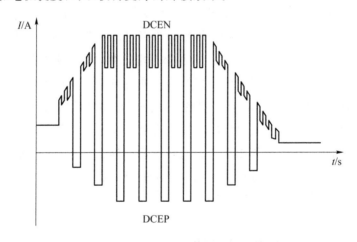

图 1-2　变极性正向脉冲调制输出电流波形示意图

美国米勒(Miller)公司推出的 Dynasty 700 型逆变焊机具有波形控制的交流输出功能,可产生方波、类方波、类正弦波以及三角波等 4 种交流输出。交流输出时负半波比例可调范围为 30%～99%,交流频率为 20～400 Hz,正负半波电流均可以独立调节,电流调节范围为 5～700 A。该焊机内置的脉冲调制功能可对变极性电流输出进行普通低频调制(低频调制时脉冲频率低于变极性频率,一般为 0.1～10 Hz)和高频调制(可达 500 Hz)。低频调制时可减小电弧热输入,此时较小的平均电流即可获得较大的熔深,便于精确控制焊缝成形,适合于难焊金属的焊接,低频调制的波形示意图如图 1-3 所示。高频脉冲调制时电弧收缩作用强且电弧挺度高,并具有很好的电弧稳定性,电弧可以很容易达到角焊缝根部。高频调制时获得的焊缝熔深大且热影响区小,可用较快的焊接速度得到组织性能良好的焊缝,变极性输出高频调制的波形示意图如图 1-4 所示。

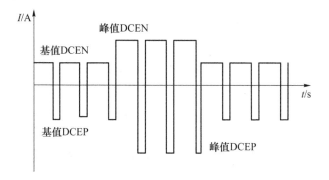

图 1-3　变极性输出低频脉冲调制示意图

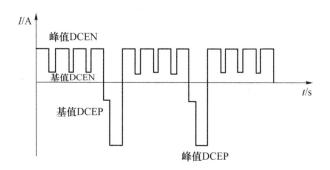

图 1-4　变极性输出高频脉冲调制示意图

1.2.3　国内研究与发展现状

近年来,国内也有部分学者在焊接电源变极性输出功能和脉冲调制功能相结合方面开展了相关研究工作,并取得了一定的研究成果。

哈尔滨工业大学的邱灵等人采用如图 1-5 所示的双电源基值电流方案,设计了改进型的高频脉冲变极性电源。该电源由变极性环节和高频脉冲并联组成,变极性环节用于提供变极性电流输出,在变极性电弧上并联由 VT$_P$ 构成的直流斩波电路,实现高频脉冲的叠加。由 DSP 器件控制高频脉冲与变极性环节保持同步,使功率开关 VT$_P$ 在变极性电流负极性期间保持关断,在正极性期间则进行斩波,以实现 DCEN 期间高频脉冲电流调制。

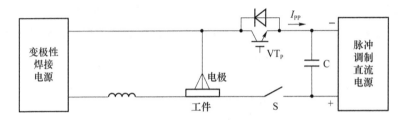

图 1-5　高频脉冲变极性焊接电源主电路结构原理

采用该方案得到的变极性输出如图 1-6 所示,实现的电源主要性能指标为:DCEN 和 DCEP 电流 200 A,高频脉冲电流幅值可达 100 A,变极性频率和高频脉冲频率分别可达 500 Hz 和 20 kHz,变极性和高频脉冲占空比均为 0～100%。将调制所得电流波形应用到铝合金焊接过程中的电弧性能试验结果表明,高频电流脉冲能够大幅压缩电弧等离子体并提高电弧轴向压力及电弧挺度,在相同电流有效值的条件下,脉冲频率在 5 kHz 以上的电流脉冲能将电弧力提高到普通变极性焊接的 260% 左右。

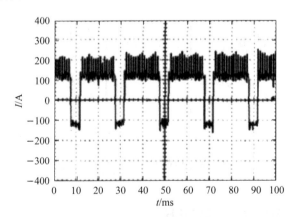

图 1-6　高频脉冲变极性焊接电源电流波形

在此基础上进一步开展了焊缝成形试验,图 1-7(a)和图 1-7(b)分别为采用普通变极性和高频脉冲变极性焊接工艺焊接 3 mm 厚 2219-T6 铝合金试样所得焊缝横截面,试验结果表明,高频脉冲电流能够提高变极性焊接的焊缝熔深,减小焊缝正面余高并提高焊接质量。

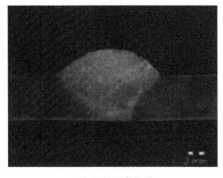 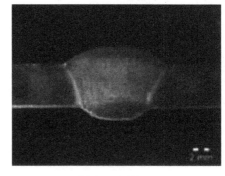

(a) 普通变极性　　　　　　　　　　(b) 高频脉冲变极性(5 kHz)

图 1-7　不同焊接工艺焊缝熔深对比

北京工业大学的阎思博等人设计了用于复合脉冲能量的焊接电源,可将其与普通变极性电源并联,从而实现在变极性电流输出基础上高频脉冲能量的复合。图 1-8 所示即为高频脉冲电源与商品化焊接电源并联构成的脉冲复合电源系统。采用该电源进行 2219 铝合金焊接试验得到的焊缝显微组织如图 1-9 所示,由图 1-9(a)可见,未复合高频脉冲电流时,焊缝熔合线附近有微气孔存在且近熔合线母材侧的晶粒较为粗大;而在图 1-9(b)所示的高频复合焊接得到的焊缝中,微气孔已不可见且有明显细晶粒带区出现在熔合线母材侧,有利于提高焊接接头综合性能。

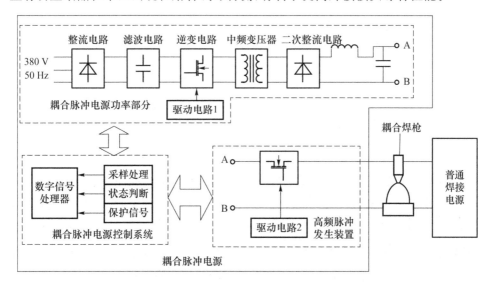

图 1-8　脉冲复合电源系统框图

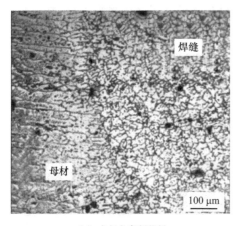
(a) 未复合高频能量

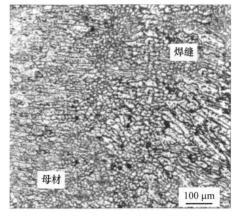
(b) 复合高频能量

图 1-9　焊缝熔合线附近显微组织

考虑到国外成熟商品化直流 TIG 焊机脉冲调制功能中双脉冲模式在焊接过程中取得的实际作用效果,也有学者将双脉冲模式引入到变极性电源脉冲调制功能中,即在高频电流调制的基础上,使单位脉冲的强度在强弱之间低频周期性切换,得到的如图 1-10 所示的周期性变换脉冲群。双脉冲调制时不仅容易得到均匀美观的波纹状焊缝,而且能够产生一定的熔池搅拌作用,从而降低产生气孔的倾向。

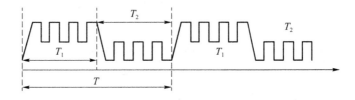

图 1-10　双脉冲调制模式下的强弱脉冲群

北京工业大学的殷树言等人采用图 1-11 所示的二次逆变电路拓扑开发出以 MSP430 单片机为控制核心的双脉冲混合调制变极性 TIG 焊接电源,该焊接电源可在变极性电流基础上同时进行高低频混合脉冲调制(低频脉冲频率范围为 0.1～10 Hz;高频脉冲频率范围为 0.1～0.5 kHz)。具体控制方法如下:基于前级全桥逆变恒流电源的快速响应特性,在后级功率开关管 VT_5 或 VT_6 开通期间改变前级设定电流即可得到经高频脉冲调制后产生的变极性电流输出;经若干电流极性变换周期后,再改变前级电源设定电流即可得到低频调制变极性电流输出;将两者相结合便可使变极性电流输出产生高低频双脉冲复合调制效果。

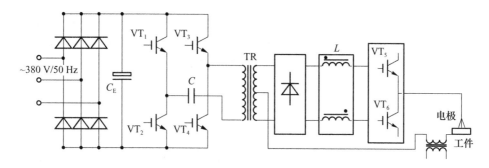

图 1-11　焊接电源主电路结构框图

图 1-12 所示即为高低频混合调制变极性 TIG 电流输出波形,采用该电流波形焊接 6 mm 厚的 LD10 铝合金得到的焊缝正面外观如图 1-13 所示。试验结果表明,该焊接方法在减少气孔和提高电弧稳定性方面具有明显效果,并易于实现控制焊缝成形和提高焊缝拉伸强度和延伸率。

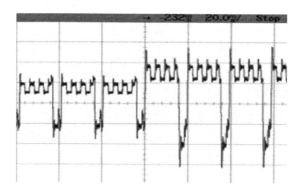

图 1-12　变极性输出脉冲调制输出

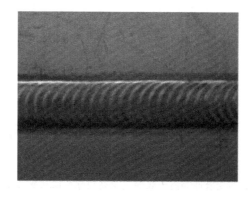

图 1-13　变极性输出脉冲调制输出电流作用下焊缝正面外观

内蒙古工业大学的韩永全等人采用二次逆变电路拓扑研制出脉冲调制变极性电源,并将其用于铝合金等离子焊接中,所建立的脉冲变极性等离子弧(Variable Polarity Plasma Arc,VPPA)焊接系统原理框图如图 1-14 所示。

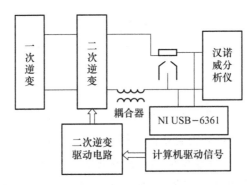

图 1-14　脉冲变极性等离子弧焊接系统原理框图

该电源以 80C196KC 单片机为控制核心,可对正、负极性电流幅值和时间独立调节,主要性能指标为:电源正、负极性最大输出电流 400 A,正极性时间调节范围为 1～999 ms,负极性时间调节范围为 1～99 ms。电源系统可以在典型变极性电流基础上进行频率范围为 1～10 kHz 的高频脉冲调制、频率范围为 1～2 Hz 的低频脉冲调制以及高低频混合脉冲调制,产生的高频脉冲调制变极性电流输出波形如图 1-15 所示。对 8 mm 厚铝-锰合金的脉冲 VPPA 焊接加工的试验结果表明,当高频脉冲频率及正反极性电流等工艺参数选择合适时,可以得到比典型 VPPA 焊接更加优越的焊缝成形,获得具有均匀鱼鳞纹的理想焊缝。

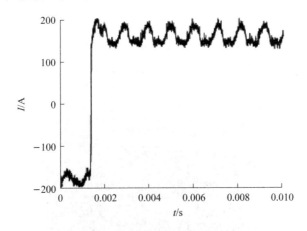

图 1-15　脉冲变极性等离子弧焊电源高频脉冲调制变极性电流波形

图 1-16(a)和图 1-16(b)分别为在典型 VPPA 和脉冲 VPPA 焊接工艺下得到的焊缝显微组织,从焊缝显微组织的分析发现,脉冲 VPPA 焊接工艺得到的焊缝

晶粒比典型 VPPA 焊缝晶粒细小。

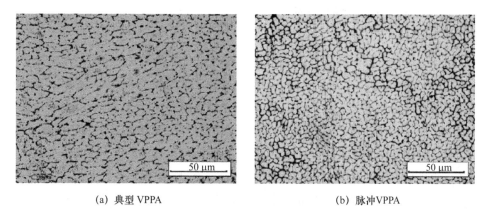

(a) 典型 VPPA　　　　　　　　　　(b) 脉冲VPPA

图 1-16　典型 VPPA 及脉冲 VPPA 焊缝组织对比图

　　由上述研究结果可知,在铝合金变极性电弧焊接过程中引入脉冲电流调制,会对焊接电弧性能和焊接质量产生一定的影响,高频耦合脉冲电弧具有高频振荡以及熔池搅拌作用,可以在焊缝晶粒细化、缺陷减少等方面产生明显作用效果。但受限于电源主电路拓扑结构、控制原理以及焊接输出回路电感等因素的影响,国内外针对脉冲方波变极性 TIG 焊的研究普遍存在脉冲电流频率较低、脉冲电流幅值较小以及电流沿变化缓慢($\mathrm{d}i/\mathrm{d}t \leqslant 5\ \mathrm{A}/\mu\mathrm{s}$)等局限,无法充分发挥高频脉冲电流调制的优势。对于复合脉冲电流频率在 20 kHz 以上,且具备快速极性变换和脉冲电流沿变换速率的大功率超音频脉冲方波变极性 TIG 焊技术的研究工作开展相对较少,大大限制了高频脉冲电流在变极性电弧焊接过程中的作用效果。

　　"十一五"期间,北京航空航天大学率先进行了复合超音频脉冲方波变极性 TIG 焊接技术的初步研究工作,并提出了"快速变换复合超音频脉冲方波变极性 TIG 焊接"的概念,即在获得过零无死区且具有快速电流上升沿和下降沿变化速率变极性方波电流的基础上,在正极性电流持续期间加入幅值达百安培以上的超音频脉冲方波电流。在前期工作中已成功开发出一种新型的电路拓扑,实现了复合超音频脉冲变极性方波电流的输出,且电流特征参数均可独立控制和调节,该焊接电源主要性能指标为:脉冲电流幅值达百安培以上;脉冲电流频率$\geqslant$20 kHz;脉冲电流上升沿和下降沿变化速率以及电流极性变化速率 $\mathrm{d}i/\mathrm{d}t \geqslant 50\ \mathrm{A}/\mu\mathrm{s}$。

　　基于研制的原理样机进行了铝合金材料的焊接实验。实验结果表明,在超音频脉冲方波变极性 TIG 焊接工艺中,电流极性的快速变换、脉冲电流频率、脉冲电流上升沿和下降沿变化速率等电流特征参数均对焊接电弧基础行为(电弧电学特性、电弧工作形态、熔透性能等)和铝合金焊接质量产生了重要影响,可有效消除焊缝气孔等缺陷,并显著改善和提高高强铝合金材料的电弧焊接性能。

1.2.4 存在的主要问题

超音频脉冲方波变极性 TIG 焊作为一种新型优质高效的焊接工艺,填补了国内外该研究领域的空白,深入开展该项新型焊接工艺的相关研究,对发挥该工艺的技术优势具有重要意义。然而,在已实现的超音频脉冲方波变极性 TIG 焊电源样机上还存在一些制约该新型焊接工艺推广应用的问题,主要表现在如下几个方面。

(1) 现有的引弧方式、人机交互模式无法满足焊机自动焊接的需要:在焊接过程各个阶段均需手动设置焊接参数,操作使用不便,导致焊接效率较低。

(2) 波形变换和控制技术难以满足高质量焊接和焊接现场对焊机柔性化实现多种焊接工艺的要求:现有样机由于脉冲电流调制过程中所需 PWM 脉冲产生方式和电流给定模式的限制,仅能实现单一脉冲序列调制,不便实现高低频脉冲混合调制等复杂调制焊接工艺。

(3) 焊机智能化控制是当今先进焊机的发展趋势:在基于该电源样机实现的超音频脉冲方波变极性 TIG 焊接工艺中,由于需要调节的参数众多(包括变极性频率、变极性占空比、脉冲频率、脉冲占空比、基值电流、峰值电流以及反向电流等参数),导致调节过程复杂,对操作者素质要求较高,严重制约了该焊接电源设备在实际焊接场合的推广应用。

为此,针对已研制出的超音频脉冲方波变极性 TIG 焊接电源样机中的不足之处,采用新的焊接电源数字化控制和数字化人机交互系统方案,对电流波形变换和控制技术进行研究,在此基础上给出焊接工艺参数的一元化调节方案,从而提高焊接生产的质量和自动化程度,使超音频脉冲方波变极性 TIG 焊接电源能够适应实际工程需要,从实验室试验阶段走向工程化应用,为推动我国航空航天技术水平的发展发挥作用。

1.3 关键技术问题研究

1.3.1 焊接电源数字化解决方案

当前焊接电源样机主电路拓扑利用三套具备恒流特性的直流电源并行协同工

作产生经脉冲调制的变极性电流输出,系统控制部分采用模拟控制与基于 DSP 数字化控制相结合的控制方案,能够实现对各电流特征参数的独立控制和调节。该方案虽然较好地完成了前期的试验研究任务,但其存在的局限性也制约了研究工作的深入开展,主要表现在以下方面。

样机在实现具备恒流特性直流电源输出的控制方法和电流设定模式上有待改进。具备恒流特性的直流电源原理框图如图 1-17 所示,三相 380 V 交流电经全桥整流滤波后,直接送入 IGBT 半桥式逆变开关,产生的高频电压经高频变压器降压传输和输出整流滤波后产生恒定电流输出。直流电源控制系统以 PWM 集成控制芯片 SG3525 为核心,采用电流闭环负反馈 PWM 控制模式和 PID 调节技术,实现电源输出的恒流特性。图 1-17 中虚线框所示即为电流设定以及电流反馈和 PID 调节部分,PID 调节采用模拟 PID 控制技术,而电流设定部分也未经 DSP 转换直接送至调节器。因此,在该电流设定模式下焊接过程的实施须多次手动调节焊接电流大小以满足引弧、起弧及收弧焊接工艺规范,无法满足自动焊接的需要。另外,模拟 PID 控制器中元器件参数的不稳定性会使电流设定值与测量值之间存在一定差异,导致电流控制精度无法满足对焊接电流敏感的高质量焊接场合需要。

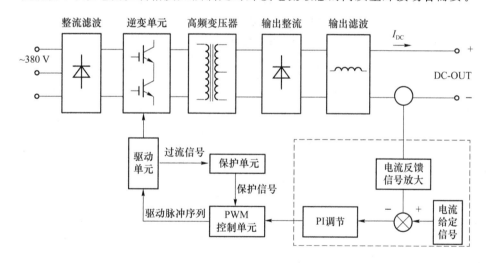

图 1-17　半桥式逆变直流电源结构框图

此外,样机还不具备工艺参数自动给定、工艺参数存储等基本功能。国外先进的数字化焊机,不仅为焊接过程波形控制提供了精确和方便的控制手段,还能提供丰富的焊接工艺数据简化用户操作。超音频脉冲方波变极性 TIG 焊作为一种新型焊接工艺,还不为操作人员所熟悉,工艺参数自动给定以及工艺参数存储等功能的实现可以节省调试时间,缩短生产周期,提高焊接效率。

综上所述,当前样机所采用的人机交互模式以及单 DSP 处理器模数混合控制方案已不能满足推广该新型焊接工艺的要求,需要对其人机交互模式和控制方案加以改进。

1. 数字化控制系统

随着焊接过程和焊接工艺的复杂性增强,采用单一处理器控制的弧焊电源已不能满足复杂焊接工艺的要求,而且采用单一处理器对焊接电源进行集中控制,会导致程序设计复杂且可靠性低,因此多处理器控制系统已成为焊机控制系统的首选方案,目前焊接电源采用的双处理器控制系统主要有如下几种。

(1)"MCU+DSP"系统:天津大学何滨华等人基于该方案设计了脉冲 MIG 焊电源,TMS320F2407 数字信号处理器用于实现焊接电源外特性控制以及波形控制等实时性较强的功能,而 MSP430 单片机则用于人机交互等其他辅助功能,双机之间采用 RS232 方式进行串行通信。

(2)"MCU+FPGA"系统:在山东大学段彬等人设计的全数字脉冲 MIG 焊电源中,设计者以 FPGA 为主控芯片,利用其高速运算能力来完成控制系统中的智能算法,来实现脉冲波形控制以及焊接过程时序控制等功能;而人机交互、外部通信、焊接工艺专家系统等实时性要求不高的任务由高性能的 MCU 完成,所实现的全数字脉冲弧焊电源具有动态响应快的特点。

(3)"MCU+CPLD +DSP/ARM"系统:华南理工大学姚屏等人设计的一体化双丝弧焊电源中,选用 DSP 器件 TMS320LF2808 完成恒流智能控制以及脉冲波形控制等实时性要求高的任务,而慢速的人机交互系统设计则由型号为 LMS3S828 的 MCU 器件配合 CPLD 器件共同完成,单片机和 DSP 之间采用 RS232 串行通信方式进行数据交互。兰州理工大学的李鹤歧等人采用该方案实现了焊接电源系统的数字化控制,略有不同的是该系统中可编程逻辑器件(CPLD)用于产生 PWM 控制和系统逻辑控制信号,DSP 器件 TMS320F240 主要用于焊接参数采样和控制算法运算,80C196KC 单片机完成人机接口功能,DSP 与单片机采用双端 RAM 方式进行通信。

在超音频脉冲方波变极性 TIG 焊电源中,需要对焊接电源所要实现的功能进行需求分析和功能模块划分,结合实现数字化人机交互系统设计的需要,根据各种处理器的特点选择合适的双处理器方案,才能有效解决当前电源样机上控制系统的局限性问题。

2. 数字化人机交互系统

人机交互系统的主要作用是焊接参数的设定以及焊接状态的显示,便捷的人机交互系统是数字化焊接电源实用化的重要标志。目前焊机上有如下几种交互方式。

（1）"调节旋钮＋按键"配合 LED、数码管或小尺寸液晶屏显示的交互方式。比较典型的应用有图 1-18 所示的奥地利 Fronius 公司的 TransPuls Synergic2700 型 CMT 焊机控制面板等。实现该交互方式，需要占用大量的处理器 IO 引脚，在处理器 IO 引脚有限的情况下，一般还须配合可编程逻辑器件（CPLD）或者是专用的键盘显示芯片来完成信号输入和显示功能。在该方式下，焊接参数的调节设置和显示不够直观清晰，尤其在不同焊接方法之间进行切换时，极易造成混乱；在焊接工艺比较复杂时，设置也极为不便。

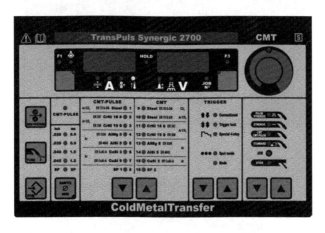

图 1-18　TransPuls Synergic2700 控制面板

（2）"旋钮＋按键"配合大尺寸液晶屏显示的交互方式。比较典型的应用有图 1-19 所示的德国 CLOOS 公司全数字化脉冲 MIG/MAG 焊机 GLC403/603 QUINTO，其交互系统采用大屏幕高清晰度液晶显示屏实现计算机化的操作界面，可以提供丰富的参数设置与修改界面。相对于第一种交互方式而言，复杂焊接工艺中其参数设置直观清晰的优势更为明显，并且大尺寸液晶屏与处理器之间占用 IO 较少，可以大大节省 IO 资源。

（3）以触摸屏为主要交互手段的交互方式。触摸屏作为新一代的人机交互界面，无须借助键盘便可直接实现输入功能，使得人机交互模式更加灵活。例如，在奥地利 Fronius 公司最新一代的 TPS/i 系列智能焊机上，即采用图 1-20 所示的 7 英寸触控屏实现了人机交互界面的智能化设计，所体现出的交互功能更加直观和人性化。但在触摸屏发展应用初期，由于在处理器与触摸屏之间还须进行驱动电路设计，而且需要编写复杂的程序代码才能实现对输入的可靠识别，增加了软硬件设计的复杂程度。随着集成了驱动模块和识别算法的触摸屏的出现,触摸屏与处理器之间的通信采用基本的串行通信方式即可实现,大大简化了人机交互系统的软硬件设计,使得触摸屏在工控场合的应用优势也愈发明显,为数字化焊机的人机交互功能实现提供了新的选择。

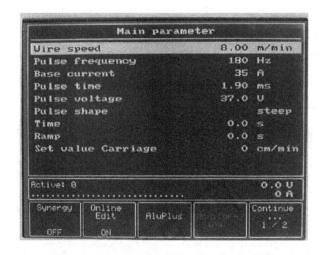

图 1-19　GLC403/603 QUINTO 焊机控制面板

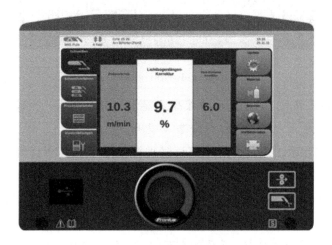

图 1-20　TPS/i 系列焊机控制面板

从上述几种交互方案可以看出,采用触摸屏只需占用少量处理器串行通信端口资源便可实现丰富的人机交互功能,考虑到超音频脉冲方波变极性 TIG 焊机中人机交互模块需要具备众多基本参数调节和状态显示功能,以及手动焊接场合焊接进行过程中快速且准确调节电流特征参数的需要,可选择以触摸屏为主要交互手段、辅以旋钮调节的交互方案实现焊机人机交互功能。

1.3.2　波形变换和控制策略

在超音频脉冲方波变极性 TIG 焊接工艺中,为避免高频引弧对高频脉冲电源中 IGBT 器件的冲击和对控制器中处理器的干扰,焊接过程的引弧阶段不便于叠加高频脉冲电流,故要求焊接电源能够在焊接过程引弧阶段和正常焊接阶段能产生对应不同焊接工艺的电流输出;焊机柔性化多功能的实现也需要焊接电源能够灵活控制输出电流模式。在此基础上,要达到焊缝成形美观和提高焊接性能的效果,除了需要按照焊接工艺规范对各阶段电流幅值进行实时调节以外,还要求焊接电源输出电流波形具备尽可能高的电流上升沿和下降沿变化率。因此,在超音频脉冲方波变极性 TIG 焊机中,对输出电流进行有效的波形变换和控制是实现高质量自动焊接的前提。

哈尔滨工业大学的伍昀等人采用如图 1-5 所示的基于双电源基值电流方案研制出高频脉冲变极性 TIG 焊接电源,该电源以 TI 公司 DSP 器件 TMS320LF2407 为控制核心,采用如图 1-21 所示的控制信号时序来完成焊接过程中电流波形变换。

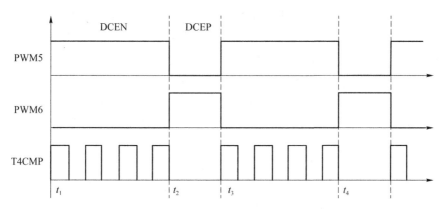

图 1-21　控制信号时序图

图 1-21 中 PWM5 和 PWM6 是由事件管理器 EVA 比较单元产生的一对互补 PWM 输出,用于变极性电源桥式极性变换电路中两个桥臂 IGBT 的通断控制;T4CMP 则由事件管理器 EVB 中定时器 4 的比较输出产生,用于高频脉冲直流电源回路 IGBT 的通断控制。T4CMP 输出控制信号必须和 PWM5/PWM6 互补输出保持时序上的同步(在图 1-21 所示 PWM5 上升沿对应时间点 t_1、t_3 等处产生比

较输出；在 PWM5 下降沿对应时间点 t_2、t_4 等处则关断输出），才能达到在变极性电流输出波形 DCEN 期间叠加高频脉冲的效果。该同步效果由 DSP 软件编程实现，即利用 DSP 中 PWM5 比较匹配事件的中断控制功能，循环进入中断服务程序，切换 T4CMP 比较输出单元的使能状态。该波形变换方案要求 DSP 频繁进入比较中断程序修改配置，尤其在变极性频率较高的情况下，输出电流软件 PI 调节和焊机其他功能在软件编程上难以实现，因此，该方案所实现的焊机功能相对简单且只能采用硬件 PI 方式控制输出电流，无法保证焊接电流精确调节的稳定性。

在北京工业大学的陈树君等人基于图 1-11 所示的二次逆变主电路拓扑实现的脉冲变极性 TIG 焊接电源中，波形变换和控制方法为：输出电流极性变换由二次逆变器所采用的半桥拓扑电路中上、下两个 IGBT 轮流导通实现；而正极性或负极性期间高频电流脉冲的产生，则由单片机实时调节 DA 输出进而调节电流值实现。该方案实现起来相对较为简单，且很容易实现高低频混合脉冲调制。不足之处在于，为了达到电流产生脉冲变化的效果，需要频繁地改变电流给定值的大小，从而对电流进行动态调节，因此所得脉冲电流的频率以及电流沿变化率均受到很大的限制。

北京工业大学的闫思博等人提出基于图 1-8 所示的在已有普通变极性电源基础上复合脉冲能量的设计方案，该方案中波形变化和控制方法为：将高频发生装置与变极性电源相并联，DSP 器件 TMS320F2812 采用电流传感器对高频输出和变极性输出进行同步，并控制 CPLD 产生高频发生装置所需满足预定时序的驱动信号，从而实现变极性电流的脉冲调制输出。图 1-22 和图 1-23 所示分别为高频发生装置部分原理图和与之对应的控制信号及输出示意图。

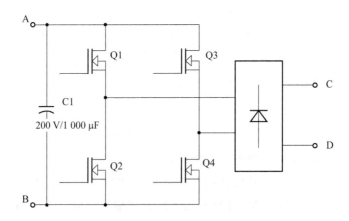

图 1-22　高频发生装置 H 桥移相和全桥整流

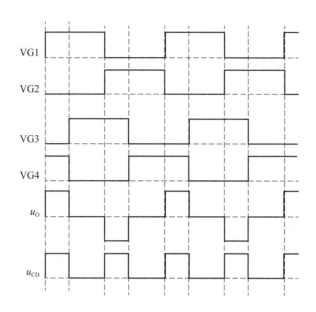

图 1-23　高频发生装置控制信号时序图

在变极性输出的正极性期间,H 桥中 4 个 MOSFET 在如图 1-23 所示的移相控制信号作用下,将 AB 侧直流电压逆变成交流脉冲电压 u_O 后,再经全桥整流产生直流脉冲电压 u_{CD} 并联至变极性电源输出端;通过电压脉冲瞬时放电实现变极性输出正极性期间脉冲电流调制。该波形变换和控制方法的优势在于可获得极高的脉冲调制频率,功率开关管的工作频率仅需 50 kHz 便可获得 100 kHz 的脉冲调制频率。但其不足之处在于,脉冲电流由脉冲电压放电产生,受传输回路分布电感和等效电阻的影响,使得脉冲电流上升沿缓慢,且脉冲电流幅值无法准确控制。此外,由于采用电流传感器实现同步控制,电流传感器固有的微秒级响应时间使得脉冲调制输出存在一定的延迟时间。

上述实现方案由于主电路拓扑的限制均存在一定的局限,因此在超音频脉冲方波 TIG 焊工艺中,需要根据合理的主电路拓扑设计,兼顾电源系统其他功能的实现,设计高效的波形变换和控制方案,在产生预定电流波形输出的基础上使电流波形具备尽可能高的性能指标(如电流极性变换率、脉冲电流沿变化率等),从而达到优质焊接的目的。

1.3.3　参数一元化调节协调匹配技术

焊机一元化调节功能即在焊接过程中只需调节某一焊接参数,焊接系统就会自动产生一组与之对应的其他工艺参数,从而保证焊接过程的稳定进行并取得满意的焊接效果。参数一元化调节功能的实现,使电焊机具备了更好的调节性能,尤其是在实现各种复杂工艺的电焊机中,调节性能方面的优势更加明显。集脉冲调制功能和变极性功能于一体的超音频脉冲方波变极性 TIG 焊接工艺作为一种新型焊接方法,调节参数众多的特点使得其工艺复杂性较其他普通焊接方法大大增加,在焊机上实现参数一元化调节协调匹配成为推广该焊接工艺过程中亟须解决的问题。

自数字化焊机问世以来,国外焊机生产商便致力于研究焊接参数的智能调节技术,并通过丰富的焊接工艺数据库或者专家算法在一些焊机上实现了参数的一元化调节功能。例如,奥地利 Fronius 公司的 TransPlus Synergic 4000 系列数字化 MIG/MAG 焊机上就基于专家系统功能实现了焊接电流、电压以及送丝速度的一元化调节。

国内学者也针对各种焊接方法开展了一元化研究,并提出了一些实现工艺参数一元化调节的方法,主要有如下两种。

(1)通过建立各工艺参数与被调参数之间函数关系的方法实现一元化调节。沈阳工业大学的杭争翔等人利用一元线性回归理论分析方法建立了 CO_2 焊机中焊接电压和电流之间的回归方程,并利用硬件电路实现了电压和电流参数的一元化调节。江苏科技大学的程忠诚等人在焊条电弧焊中以焊接电流为调节量,分别设计了引弧电流、引弧时间以及推力电流与焊接电流之间的函数关系式,并通过软件方法实现了一元化调节功能。北京石油化工学院俞建荣教授研制了 CO_2 焊接电弧电压的一元化微机智能控制系统,根据 CO_2 焊接电流的预定值对电弧电压进行自寻优调节,使焊接电流与电弧电压达到最佳匹配。山东大学的赵雪纲等人在脉冲 MIG 焊接电源控制系统中,建立了电弧平均电压与送丝速度、脉冲频率以及其他参数之间的函数关系,从而实现了调节电弧平均电压以及其他参数自动匹配的一元化参数调节。

(2)通过建立专家数据库方法实现一元化调节。兰州理工大学的蒋成燕等人针对脉冲 MIG 焊工艺通过正交试验建立了以送丝速度为调节量的焊接工艺数据库,实现了峰值电流、基值电流、脉冲频率以及脉冲占空比等电流参数的一元化调节。华南理工大学的张红卫等人在脉冲 MIG 焊接工艺中以焊接电流为调节量,采用大步距标定的方式建立了峰值时间、基值时间以及送丝速度等工艺参数匹配焊接电流的专家数据库,并通过焊缝试验验证了所设计一元化参数设计的有效性。为了在专家数据库中焊接工艺规范有限的条件下达到被调量连续调节的目的,华南理工大学的薛家祥等人对通过脉冲 MIG 焊工艺试验得到的大步距标定焊接工艺参数,采用最小二乘法拟合得到焊接电流与各种焊接参数的拟合关系,通过软件可快速实现大范围内焊接参数的一元化连续调节。华南理工大学的林放等人通过大步距标定和局部牛顿插值相结合的办法,建立了脉冲 MIG 焊一元化专家数据库,实现了参数在较大范围内的一元化连续调节,并通过焊缝成形试验验证了该方法的有效性。

在超音频脉冲方波变极性 TIG 焊接工艺中,影响焊接质量的电流特征参数众多,难以建立各特征参数与选定被调量之间的具体函数关系。作为一种优质高效的焊接方法,该工艺在一定参数调节范围内均能获得比较美观的焊缝成形,以焊缝成形外观作为评判焊接工艺效果的依据,无法保证所建立的焊接工艺专家数据的有效性;若以焊接接头性能为判定依据,则需要进行非常繁重的工艺试验。本书将通过焊缝成形和电弧压力试验,分析电流特征参数对电弧压力和焊缝成形的影响规律,在此基础上选定合适的参数作为调节量,达到其他工艺参数自动匹配调节量、焊接电弧在优化匹配工艺参数下呈现较强热-力综合作用的一元化调节效果,并通过焊接适用性试验检验参数一元化调节协调匹配方案的可行性。

1.3.4　桥式逆变电路抗偏磁的研究与发展现状

偏磁指变压器铁心工作时磁滞回线中心点偏离零点,正反向脉冲过程中磁工作状态不对称的现象。对于桥式逆变电路主变压器铁心工作在双向磁化的工作状态,铁心线圈的外加励磁电压是一个交变量,其正、负半周的波形、幅值及导通脉宽在理想情况下都相同。也就是说,在理想情况下每经过一个周期,桥式逆变电路主变压器的磁通量变化量为零。然而在实际中,由于器件参数差异、负载变化及输入直流电压的波动等因素使得主变压器一次侧的正负方波会产生差异,从而使主变压器出现磁不平衡现象。主变压器偏磁会导致铁心饱和,变压器损耗增大,主功率开关管效率降低,温升增加。若铁心进入单向深度饱和,磁工作点进入非线性区,变压器铁心相对磁导率减小,可能致使变压器原边绕组瞬间过流损毁主功率开关管和变压器。

对于半桥式逆变电路,有文献认为电路本身通过分压电容中点电位的浮动特性,可消除电路不平衡因素的影响,保持在不等的两个半周期内仍具有相等的“伏·秒”数。也有文献认为半桥式逆变电路抗磁不平衡能力仅适合于小功率电路。有资料认为变压器偏磁仍是半桥式逆变电路逆变失败的主要原因,即半桥式电路基本无抗偏磁能力,也有文献还对桥式逆变电路在感性负载情况下的不稳定状态进行了详细分析。本书试验过程中也发现半桥式逆变电路的抗偏磁能力是有限度的。

为了使桥式逆变电路安全稳定运行,必须高度重视变压器的偏磁现象并采取有效的防护措施。自从桥式逆变电路得到大规模应用以来,有关文献提出了多种抗偏磁的方案。归纳起来,传统的抗偏磁方法主要有增加裕量使铁心即使有较大偏磁也不至于饱和、原边串入隔直电容和模拟电路附加专用的自动平衡电路三类。全桥式逆变电路主变压器原边串入隔直电容对偏磁的平衡作用与半桥式逆变电路分压电容中点电位的浮动作用是一样的,适用于全桥式逆变电路的偏磁解决方案对半桥式逆变电路也基本适用。

1. 增加铁心工作裕量提高变压器抗偏磁能力

1)铁心加气隙

对于频率较低、功率较小的半桥式逆变电路,由于变压器绕组的阻值较高,自平衡能力较强,可以采用增加铁心截面,或使铁心保留一定气隙,并适当加大功率器件的容量,使偏磁的危害受到抑制或得到缓解。铁心加气隙,是引入一个气隙与磁通相串联,效果如图 1-24 所示,它使磁滞回线的斜率降低,而且保持磁滞回线与零高斯水平线相交点的固定。这样,就可以使磁滞回线延伸到更大的奥斯特区域。

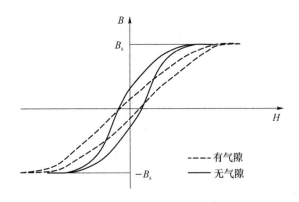

图 1-24　铁心磁滞回线有无气隙的比较

给变压器铁心加适量的气隙,将使铁心的导磁率下降,气隙的大小也不能太大,否则将带来激励电流过大,使变压器的损耗增大。该方法虽能使铁心偏磁的危害得到一定程度的缓解和抑制,但并不能解决正负半周磁通的不平衡问题,而且对于大功率高频变换器来说以上措施不但经济上不合算,而且很难奏效。

2）变压器原边加电阻

增加变压器原边绕组电阻。当"伏·秒"数不平衡时,增加初级绕组的电阻,可以使绕组的电阻压降增大,就可以降低绕组上的"伏·秒"数,阻止铁心迅速饱和。该方法的缺点是工作过程中,将有很大的变压器原边电流流过串联电阻,从而产生相当大的功耗,必须采用很大的功率电阻,此方法只适用于变压器原边电流不是很大的场合。

3）降低工作磁通密度

选取足够的铁心磁通密度裕量、主变压器原边电流裕量和开关管承受电流电压应力的裕量。选取较小的工作磁通密度 B,减少了励磁电流,降低了磁芯损耗,有利于提高效率和降低温升,但这要以增大变压器铁心的体积为代价。

2. 变压器原边串入隔直电容

传统的全桥式或半桥式 PWM 逆变电路中抑制偏磁多采用在变压器原边串联电容的方法,利用电容特有的隔直特性将原边电压中的直流分量滤除。电容须选用无极性、ESR 值较小的薄膜电容。串联电容法简单实用,普遍适用于中小功率的全桥变换器场合。但该方法也存在一定的局限性:因为在变压器工作的全过程中,所有的原边电流都要流过隔直电容,因此电容的工况相对普通的滤波电容或耦合电容而言要严重得多,尤其在高压大功率的变换器场合,电容的可靠性和寿命成为制约电源整机可靠性的重要因素。

3. 模拟控制电路中附加专用的平衡电路

最好的防偏磁的方法是设计专用的自动平衡电路,使磁通量强制平衡。

1990 年,清华大学的申哲等人采用两个 PWM 集成控制芯片 SG3524 实现了全桥式逆变电路抗单向偏磁自动调节保护电路。该电路通过提取变压器承受的双向电压信号和工作磁通信号实时进行闭环反馈控制,保证全桥式逆变焊接电源的变压器正反向工作磁通相等。

1993 年,胡绳荪等人采用单片机 80C31、PWM 集成控制芯片 3524、同步脉冲电路和记忆电路设计了抗偏磁电路。

1997 年,浙江大学的朱振东等人介绍了一种采样保持法。其基本工作原理是在电压反馈信号与逆变器控制模块反馈输入端之间串接一个采样保持器 LF398,在一个脉冲周期内采样保持器采样一次,使每个脉冲周期内控制模块的脉宽控制电压不变。

1999 年,空军雷达学院的罗建武等人介绍了一种通过检测变压器原边电流对 PWM 脉冲宽度进行微调的抗偏磁电路。此种方法的基本原理是用电流互感器采集正、负两个半周期的原边电流,把这两个电流量进行比较,若检测出这两个半周电流峰值不等,则电路输出偏磁信号,经 PID 放大后,通过斜率比较器,调整正负半周开关管的触发脉冲的宽度,来保证变压器的平均工作磁感应强度接近 B/H 特性曲线的中心点。

2000 年重庆通信学院的张黎等人介绍了一种具有抗偏磁功能的电流型相位调制电路。该电路利用电流型控制技术自动平衡"伏·秒"数的特点,采用电流型 PWM 控制芯片 UC3846 作为控制电路的核心,利用附加逻辑电路产生四路移相控制信号。当变压器未发生偏磁或偏磁范围不大时,变换器工作在电压型 PWM 控制模式下;当变压器偏磁超过某一限度时,变压器一次电流参与控制,调节某一路输出脉宽,使正、反向"伏·秒"数重新达到平衡。这种偏磁抑制电路的不足之处是电路不能随时调节偏磁电流,只能在其超过一定限度后才起作用。

2003 年华中科技大学的段善旭等人提出了采样主变压器原边电流,提取直流分量数字 PI 控制调整触发脉冲宽度的抗偏磁方案。该方案采用 DSP 芯片 TMS320F240,在一台全数字化 5.5 kW、400 Hz 的全数字控制中频逆变电源上得以实现。该方案能适时补偿 SPWM 全桥逆变电路输出变压器中存在的直流偏磁,缺点是受采样速度和数字化控制计算速度的限制,只适用于中频逆变电路。

2006 年哈尔滨工业大学的张伟等人针对推挽式电路采用电流型控制芯片 UC3846,电流和磁通不平衡现象可得到限制。电流控制型开关变换器是在传统的电压控制型的基础上,增加了内环电流反馈环,使其成为双环控制系统。与电压模式控制相比,时钟信号只是使电源工作在固定的频率,PWM 比较器的另一个输入是用从反馈电流取得的信号代替了晶振,当反馈电流的模拟电压信号超过了误差放大器的输出值 U_e 时,脉冲关断。电流模式控制的优点是由于内环采用了直接的电流峰值控制技术,可以及时、准确地检测输出或变压器以及开关管中的瞬态电流,自然形成了逐个电流脉冲检测电路。只要电流脉冲达到预定的幅度,电流控制回路就响应,使得脉冲宽度发生改变,保证输出电压的稳定,因此系统响应快。缺点是控制调节电路是基于从功率电流取得的信号,因此功率部分的振荡容易将噪声引入控制电路。

综上所述,电压不稳导致模拟 PWM 集成控制芯片一个周期的正、负半周导通时间不等是模拟控制电路的固有缺陷,也是桥式逆变电路主变压器偏磁的重要原因。设计专用的自动平衡电路使磁通量强制平衡,是桥式逆变电路抗偏磁的最佳方法之一。由于模拟电路中设置自动平衡电路存在结构复杂、所需器件多等缺点,实际抗偏磁效果也并不理想,未在桥式逆变的实际应用中得到大规模的运用。桥式逆变电路的实际产品中仍大规模采用增加裕量和在原边串入隔直电容的方法来抗偏磁,只是采用关断驱动脉冲、中止电源工作或过一段时间后再自行启动的方法来避免偏磁饱和电流损坏主开关管和变压器。

1.4　本书主要研究内容

本书结合实际应用场合焊接生产需要,针对课题组已研制出的超音频脉冲方波变极性 TIG 焊电源样机中存在的问题,主要对复合超音频脉冲方波变极性 TIG 焊电源控制系统的实现和波形控制技术进行了研究。本书以高强铝合金为试验对象,结合焊缝成形和电弧压力试验提出了电流特征参数一元化调节协调匹配功能的实现方案。研究主要包含以下几方面内容。

(1)焊接电源数字化控制系统和人机交互系统研究:对控制系统进行功能需求分析,选用 DSP＋MCU 的系统设计方案,构建主从式双 CPU 控制系统,实现数字化电源的实时控制和其他辅助控制功能。基于大尺寸触摸屏设计抗干扰能力强的数字化人机交互系统,以实现电流特征参数的便捷调节和给定。在此基础上,结合自动焊接需要,实现超音频脉冲方波变极性 TIG 焊接过程自动控制。

(2)焊接电源波形变换和控制技术研究:根据焊接工艺过程控制对输出电流波形变换的要求,对所采用的新型电源主电路拓扑结构中的 PWM 信号进行需求分析,提出了一种由 DSP＋CPLD 产生数字化 PWM 输出的实现方案,能够有效实现前级峰值电流切换电路以及后级桥式极性变换电路的同步变换,从而实现具有快速沿变化速率且过零无死区的复合超音频脉冲变极性方波电流输出。

(3)半桥式逆变电路主变压器磁工作状态研究:分析半桥式逆变电路主变压器的磁工作过程、磁不平衡状态和导致磁不平衡的原因。设计开关管驱动脉冲差异试验研究主变压器的偏磁饱和过程并建立动态模型进行理论分析,为逆变器的设计和主变压器偏磁饱和的抑制提供理论依据。

(4)铝合金超音频脉冲方波变极性 TIG 焊缝成形以及电弧压力试验研究:以高强铝合金为试验材料,分析电流特征参数对焊缝成形和电弧压力的影响规律,确立使焊接电弧呈现较强综合热-力作用效果的电流特征参数参数取值范围,在此基础上选定合适的调节量,实现电流特征参数的一元化调节协调匹配功能。

(5)铝合金超音频脉冲方波变极性 TIG 焊接适用性及应用研究:通过对焊接接头的焊缝成形、显微组织以及接头力学性能等因素进行分析,检验超音频脉冲方波变极性 TIG 焊技术的焊接适用性,并验证基于参数一元化调节协调匹配自动给定参数方案的可行性。

(6) 不锈钢超音频直流脉冲 TIG 焊接适用性及应用研究:通过对超音频直流脉冲 TIG 焊电弧行为、焊接接头的焊缝成形、显微组织以及接头力学性能等因素进行分析,检验超音频直流脉冲 TIG 焊技术的焊接适用性,并对电源平台上柔性化实现多种焊接工艺进行验证。

第 2 章

超音频脉冲方波变极性 TIG 焊电源平台

在实际焊接生产应用中,现代制造技术的快速发展不仅要求焊机具备良好的焊接性能,而且对焊机使用性能方面的要求也越来越高。超音频脉冲方波变极性 TIG 焊接工艺作为一种新型焊接方法,其焊接性能在改善铝合金焊接质量方面效果明显。然而目前所研制的样机使用性能还无法满足工业化应用的基本需求,本章针对目前样机上控制系统存在的局限性,基于现有主电路拓扑结构,设计新的数字化控制系统和人机交互系统,为满足高质量自动焊接的需要奠定硬件基础。

2.1 超音频脉冲方波变极性 TIG 焊机主电路方案

由于系统控制方案的功能设计须结合所选用的主电路拓扑结构进行,有必要对本电源系统所选用的主电路方案进行简要介绍。

2.1.1 主电路结构方案

相对于其他焊接电源上所获得的脉冲变极性 TIG 焊接电流输出而言,超音频脉冲方波变极性 TIG 焊接电源的优势体现在不仅可获得幅值达百安培以上的脉冲变极性电流输出,而且输出电流具有脉冲调制频率高($\geqslant 20\ \mathrm{kHz}$)、电流极性变换速率和脉冲电流沿变换速率快($\mathrm{d}i/\mathrm{d}t \geqslant 50\ \mathrm{A}/\mu\mathrm{s}$)的优点。合理的主电路结构设计是使输出电流波形具备上述高性能指标的前提,目前样机上所选用的基于并行模式快速变换主电路拓扑结构如图 2-1 所示。整套电源变换系统采用三级并行级联的复合结构模式,各级及各部分电路之间均相互独立,这有利于实现电流特征参数的精确控制和独立调节,整套系统的各组成部分介绍如下。

（1）前级电路主要由第一、第二和第三直流电源并行组成。三套直流电源之间相互独立,分别为中、后级提供基值电流、正向峰值电流以及反向峰值电流。在焊接过程中,三套直流电源共同为 TIG 电弧负载提供能量,为保证"电源-电弧"系统的稳定,要求三套直流电源均需具有很好的恒流外特性。

（2）中级电路主要由正、负极性高频脉冲切换电路和三路辅助并联吸收保护电路组成。采用并联式输出结构的高频脉冲切换电路主要任务是将前级恒流电源提供的恒定直流转换为具有快速电流上升沿和下降沿变化速率的超音频直流脉冲方波电流,并与第一直流电源输出的恒定直流进行叠加,形成超音频直流脉动电流后传输至后级电路。

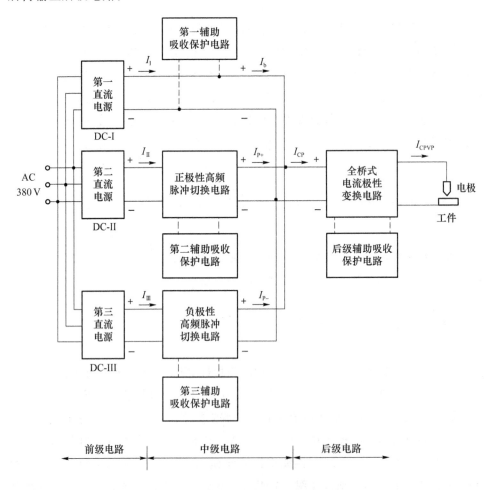

图 2-1　快速变换复合变换电路原理图

（3）后级电路主要由全桥电流极性变换电路以及保护电路组成，负责将中级电路提供的超音频直流脉动电流转换为过零无死区时间且具有快速电流沿变化速率的复合超音频脉冲变极性方波电流，并由普通电缆传输至电极和工件两端。

综上所述，超音频脉冲方波变极性弧焊电源拓扑结构采用相互独立的基值电流产生回路和正反向峰值电流产生回路，实现了超音频脉冲基值电流与峰值电流的独立控制与调节。另外，峰值电流产生电路所用的续流电感为 mH 级，常规脉冲 TIG 焊电源中所用续流电感为 μH 级，续流电感的较大电感量，使得峰值电流切换电路的功率管开通关断时，脉冲峰值电流的波动较小。脉冲峰值电流切换电路的功率管和大功率二极管的快速切换，不但能使超音频脉冲电源输出端得到具有陡峭上升、下降沿的方波脉冲电流波形，而且该拓扑结构保证了脉冲电流频率和占空比的独立可调。

2.1.2 超音频直流脉冲 TIG 焊机的基值、正（反）向峰值电流产生主回路

超音频直流脉冲方波变极性 TIG 焊机的基值和正（反）向峰值电流产生主回路均基于基本的半桥式逆变直流主回路。焊机的峰值电流产生回路如图 2-2 所示，电容 C_1、C_2 和开关管 VT_1、VT_2 组成桥，电容中点和开关管中点接变压器的原边绕组。

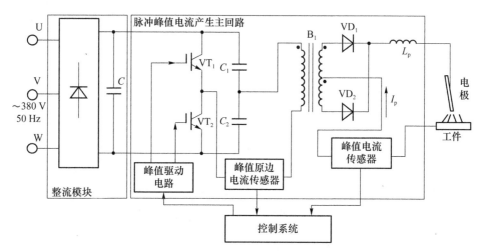

图 2-2　焊机正（反）向峰值电流产生回路原理图

电容 C_1 和 C_2 串联接直流输入，每个电容需承受一半的输入直流电压，直流输入如图 2-2 所示由电网三相交流电整流而成。电容 C_1 和 C_2 同时具有交流通路稳

压滤波、储能和隔直三重作用。开关管 VT_1、VT_2 也只承受一半的输入直流电压。

开关管 VT_1、VT_2 高频切换交替开通使变压器一次侧向二次侧转移能量。当开关管 VT_2 导通而 VT_1 截止时,输入电流流经主变压器的一次侧绕组。由于变压器 B_1 的一次侧与二次侧有相同的极性,二极管 VD_1 正向而导通,二极管 VD_2 反向而截止,此时能量就会经由二极管 VD_1 与电感 L_p 转移至输出。当功率开关管 VT_2 截止而 VT_1 尚未开通时,为了使逆变电路的功率开关切换不会造成上下同时导通的状况,控制信号要产生死区时间,功率开关管 VT_1 和 VT_2 同时截止,此时一次侧无能量转移至二次侧。当开关管 VT_2 截止而 VT_1 导通时,由于一次侧绕组的同名端为负电位,二极管 VD_2 正向导通,二极管 VD_1 反向截止,此时能量就会经由二极管 VD_2 与电感器 L_p 转移到输出。

基值产生主回路的工作原理和工作方式与正(反)向峰值产生主回路相同,本书不再赘述。

2.1.3　超音频直流脉冲 TIG 焊机的正(反)向峰值电流切换回路

超音频脉冲方波变极性 TIG 焊机的正(反)向峰值电流切换回路是基于基本 Boost 升压电路的变形。焊机的峰值电流切换回路如图 2-3 所示,由开关管 VT_p、电感 L_p、二极管 VD_p 及尖峰电压吸收保护电路等构成。电感 L_p 在电路中具有双重作用,既在焊机峰值输出回路充当输出电感,又在峰值电路切换回路作输入和储能电感。

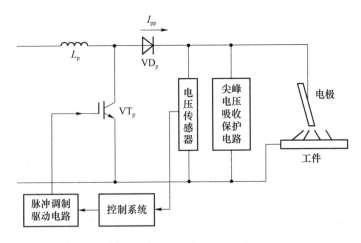

图 2-3　峰值切换回路原理图

控制系统根据外部输入的脉冲频率 f 和占空比 δ 生成 PWM 信号经驱动电路后作用于开关管 VT_p,控制其开通与关断。当 VT_p 开通时,电感两端的电压为峰值产生回路的输出电压,电感为储能状态,并且与 L_p、VT_p 构成回路维持稳定的 I_p。由于功率开关管 VT_p 两端的电压远小于二极管 VD_p 的阴极输出电路的电压,此时二极管被截止,输出电路被隔离开来。当 VT_p 关闭时,峰值电流产生主回路的电流会继续流过输入电感 L_p,而电感两端电压的极性由于楞次定律而反向,二极管 VD_p 正向导通,此时输入电感 L_p 为能量释放的状态。峰值直流输出回路产生的电压串联电感 L_p 两端的电压共同给焊接电弧提供脉冲峰值电流 I_{pp},该电流波形为脉动直流。在基值和峰值电流同时输出的情况下,焊接电弧上的电流在 I_b 和 $I_b + I_{pp}$ 之间呈高频脉动输出。

峰值切换回路高频切换会导致电压尖峰,如果保护不当会损坏主功率器件,因此在电极与工件之间并联尖峰电压吸收保护电路来保证焊机可靠性。尖峰电压吸收保护电路用于吸收电压尖峰,当尖峰电压超限时,电压传感器检测到电压超限后将产生保护信号作用于控制系统的峰值电流闭环控制模块、基值电流闭环控制模块和峰值电流切换脉冲调制产生模块。

2.1.4 复合超音频脉冲方波电流的产生过程

基于上述新型快速变换复合电源变换拓扑,所设计的电源控制系统需要按照一定时序逻辑控制桥式电流极性变换电路和正、负极性高频脉冲切换电路的工作状态,方可实现超音频脉冲方波变极性电流的输出;改变控制逻辑即可实现变极性方波电流的正极性调制(Positive Pulse Modulation,PPM)、负极性调制(Negative Pulse Modulation,NPM)和正负极性双向调制(Bi-Directional Pulse Modulation,BDPM)等多种模式的超音频脉冲方波复合调制效果,且均具有快速的电流上升沿和下降沿变化速率。PPM 模式复合超音频脉冲方波变极性电流的产生过程如图 2-4 所示,大致可分为以下四个步骤。

(1)过程 1——前级恒定直流电流输出。工频交流 380 V 提供电源输入,三套独立直流电源分别输出具有恒流特性且电流幅值可精确控制和灵活调节的直流电流 I_I、I_II 和 I_III,并分别传输至中级电路,电流示意波形如图 2-4(a)所示。

(2)过程 2——超音频直流脉冲电流切换。I_I 保持其恒流特性不变,并作为基值电流 I_b;I_II 经由正极性高频脉冲切换电路变换成超音频脉动电流 I_{p+};I_III 经由负极性高频脉冲切换电路变换为低频脉动电流 I_{p-},其脉动频率与后级电流极性变换频率相同且保持同步变换。电流 I_{p+} 与 I_{p-} 之间保持特定的工作逻辑关系,电流示意波形如图 2-4(b)所示。

(3)过程 3——形成超音频直流脉动电流。基值电流 I_b、超音频脉动电流 I_{p+} 和低频脉动电流 I_{p-} 三者共同叠加形成了复合超音频脉冲直流脉动电流 I_{CP},作为后级全桥电流极性变换电路的输入,电流示意波形如图 2-4(c)所示。

(4) 过程 4——产生复合超音频脉冲变极性方波电流。同步协调控制正、负极性高频脉冲切换电路与桥式电流极性变换电路中功率开关器件的导通状态,将复合超音频直流脉动电流 I_{CP} 转换为最终需要的 PPM 模式复合超音频脉冲变极性方波电流 I_{CPVP},电流示意波形如图 2-4(d)所示。

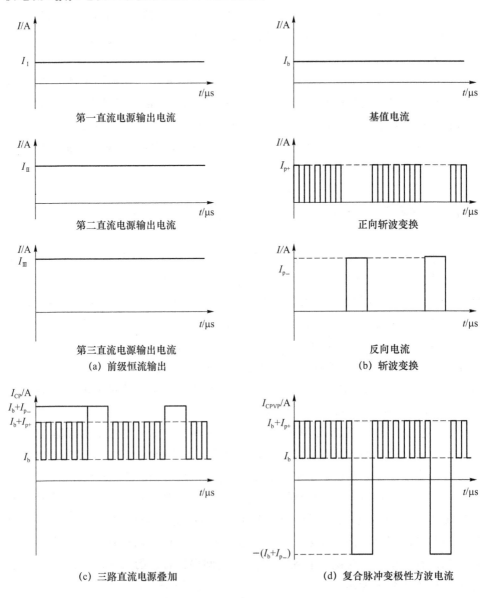

图 2-4　超音频脉冲方波变极性电流(PPM 模式)形成过程

在实现多种模式的超音频脉冲调制基础上,通过控制系统调节第二或第三直流电源所产生的电流输出,使之呈现低频脉动变化,即可产生对应调制模式下的双频脉冲混合调制效果。图 2-5 为 PPM 模式下双频脉冲混合调制的产生过程,在此不再赘述。

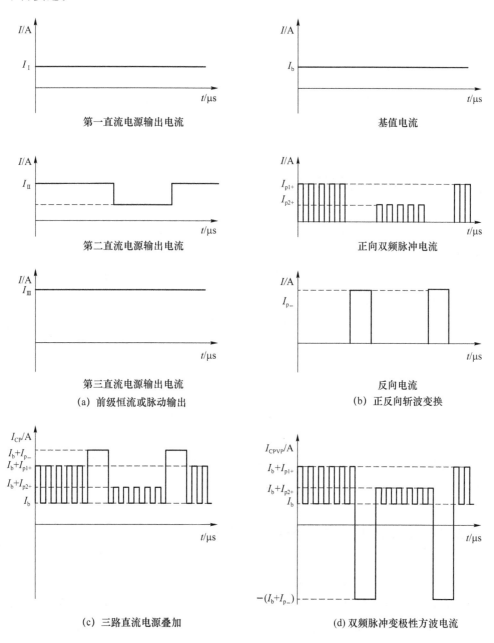

图 2-5　PPM 模式双频脉冲方波变极性电流形成过程

由上述 PPM 模式超音频脉冲方波变极性电流的产生过程可知,设计合理的电源控制系统同步协调控制高频脉冲切换电路与后级全桥式电流极性变换电路的工作状态,即可使电源系统产生最终所需的超音频脉冲方波变极性电流输出。电源系统所采用的复合并行级联结构模式,易于实现对复合超音频脉冲方波变极性电流输出波形特征参数的精确控制和独立灵活调节,并使输出波形具备快速的电流极性变换速率以及脉冲电流沿变化速率。

2.2 电源控制系统方案设计

2.2.1 控制系统功能要求

如本书 1.2.3 小节所述,目前样机还存在一些制约其推广应用的问题。为此,本书从自动焊接的应用需求出发,结合新型电路拓扑结构对控制系统在输出电流波形变换和控制方面的要求,并兼顾焊机功能扩展方面的需要,拟在新的焊机平台上实现如下主要功能。

(1) 波形变换和控制功能:能够通过数字给定方式和软件 PI 调节技术对主电路前级三套直流电源电流输出进行精确控制和调节;能通过数字化 PWM 输出实现对主电路中正、负极性高频脉冲切换电路以及桥式电流极性变换电路的协同控制,稳定可靠地产生对应多种焊接工艺和多种脉冲调制模式的电流波形输出。

(2) 具备便捷的人机交互功能:能够对焊接工艺参数灵活设置,且可实现工艺参数自动给定及一元化调节。

在实现上述主要功能的基础上,焊接平台还须具备高频引弧、焊接工艺参数存储和更新、送丝机控制等辅助和扩展功能。

2.2.2 双 CPU 控制系统设计方案

由 2.2.1 小节提出的功能要求可知,在本超音频脉冲方波变极性 TIG 焊接电源控制系统中,除了要完成数字 PI 调节、波形变换等实时性要求较高的功能外,还有许多诸如与外部系统的通信、控制及人机交互等功能,控制系统既要保证对功率模块的实时性控制,又要保证稳定可靠且快速的人机交互,采用单一处理器的控制模块架构会使系统过于复杂且无法满足实时性的要求。为此,在本焊接电源平台控制系统中将 DSP 数字信号处理器高速运算能力和单片机(MCU)控制功能方面的优势相结合,采用由 DSP 和 MCU 构成的主从式双处理器控制系统设计方案,详细控制系统方案整体结构如图 2-6 所示。

在该电源控制系统中,DSP 数字信号处理主要完成三路直流电源的数字给定与调节、高频引弧控制以及一元化调节等功能,超音频脉冲方波变极性电流的变换和控制由 DSP 和 CPLD 器件共同实现。控制系统中单片机(MCU)部分则主要负责完成数字化人机交互功能、工艺参数的存储与调用、送丝机控制以及与上位机的通信等功能。通过 DSP 和 CPLD 器件配合工作,控制系统提供三对双端数字化 PWM 脉冲输出,且使三对双端 PWM 脉冲在时序上呈现一定的逻辑关系,实现对超音频脉冲方波电流的变换和控制,从而在焊接试验平台上实现多种焊接方法(直流正接 TIG 焊、直流反接 TIG 焊、常规变极性 TIG 焊、超音频直流脉冲方波 TIG 焊以及多种调制模式的超音频脉冲方波变极性 TIG 焊等焊接方法)。

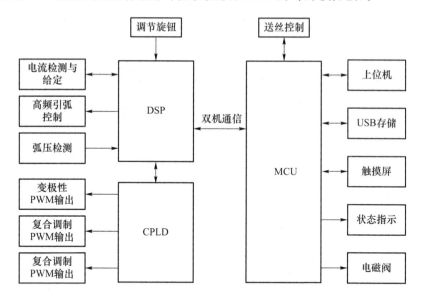

图 2-6 超音频脉冲方波变极性 TIG 焊电源控制系统结构框图

考虑到在超音频脉冲方波变极性 TIG 焊电源中需要实现工艺参数数据库的存储和更新功能,而 USB 存储能够满足焊接加工中数据库容量及更新速度等要求,选用具备 USB 存储功能的微处理器来实现 USB 功能。

在本焊接电源控制系统中,单片机与 DSP 之间的双机通信主要用于传递通过触摸屏设定的工艺参数以及需要在触摸屏上显示的焊接状态参数,由于数据通信量不大且对实时性要求不高,故采用常用的 RS232 串行通信方式即可完成 DSP 与单片机之间的双机通信。

2.3 电源控制系统硬件设计

2.3.1 主要控制芯片选择

1. DSP 处理器选型

超音频脉冲方波 TIG 焊电源控制系统中输出电流由 3 套逆变直流主回路并联调制而成,每套逆变直流主回路均为强的噪声发射源,而且逆变中频变压器、输出电感等感性器件在电流迅速变化时会产生较强的电压尖峰从而造成空间电磁干扰。此外,考虑到焊接过程中需要进行自动非接触式引弧,而焊机多采用高频或者高压引弧的方式,在引弧过程中会产生极大的电磁干扰,甚至会导致电源控制系统本身无法正常工作。恶劣的电磁环境对整个焊接电源控制系统的抗干扰性提出了更高的要求,控制系统中所采用的处理器除了应该能够完成正常所要求的控制功能和数字信号处理功能外,还应该具备很强的抗干扰能力。

Microchip 公司的 PIC 系列处理器因其抗干扰能力强,且具有精简指令集和内置 Flash 存储器等技术特点,广泛应用于各种工业控制场合。为进一步满足复杂系统的控制要求,Microchip 公司也推出了内嵌 DSP 引擎的 dsPIC 数字信号控制器,该系列控制器以具备丰富外设功能的 16 位高性能单片机为核心,不仅具有快速中断处理功能,而且具备可进行高速计算的强大数字信号处理功能。作为 dsPIC 数字信号控制器系列中应用较为广泛的产品,dsPIC30F 系列控制器主要有通用系列以及电机控制和电源变换系列,其中电机控制和电源变换系列处理器具有丰富的外设功能和 I/O 端口,且便于实现多种类型的电机控制,因而在电机控制和开关电源控制等领域得到广泛应用,其应用表现在很多场合下甚至优于 32 位控制器。

基于上述考虑,本设计中选用 dsPIC30F6010A 型电机控制和电源变换系列处理器作为电源控制系统主控芯片,完成电流检测与给定、高频引弧控制、弧压检测以及与 CPLD 配合完成 PWM 输出等主要功能。dsPIC30F6010A 处理器集单片机的控制优势和 DSP 高速运算的优点于一体,具有先进的 DSP 内核、丰富的单片机外围功能模块以及完善的中断功能,其工作最高速度可达 30MIPS,并延续了 PIC 系列单片机宽工作电压范围(2.5～5.5 V)和低功耗的优良传统。该型处理器能适应工业级温度和扩展级温度范围的工作要求,在需要进行高速运算和复杂控制的各种电源和电机控制等应用领域有其独特的应用优势。

此外,dsPIC30F6010A 处理器具有大容量的内部 Flash 程序存储器和数据存储器(144 KB 的 Flash 程序存储器空间、8 KB 的 SRAM 数据存储器和 4 KB 的 EEPROM 数据存储器),可以满足复杂程序编写以及高速运算的需要。由于其支持 Microchip 的在线串行编程(ICSP)技术,在硬件设计时只需占用两个指定普通 I/O 端口便可连接编程器完成程序的烧写或调试。相对于其他 DSP 器件必须进行存储器扩展才能进行软件代码调试而言,该处理器代码调试功能的实现对硬件设计复杂程度要求大大降低,很大程度上简化了 DSP 系统部分的硬件设计,并增强了硬件系统的可靠性。

2. MCU 处理器选型

在本系统方案设计中,MCU 部分处理器主要完成人机交互、双机通信、与上位机的通信、工艺参数存储调用以及部分测量控制功能。人机交互、双机通信以及与上位机的交互功能的实现,要求单片机具有丰富的外设端口;工艺参数的存储调用功能一般情况下可用单片机自带或者是外接的 EEPROM 来实现,但考虑到焊机需要存储大量焊接工艺专家数据以满足不同焊接材料的焊接需要,而且要很方便地对存储设备中所保存的工艺数据进行实时或离线更新,拟采用 USB 存储来实现工艺参数存储和调用。USB 存储具有可热插拔、兼容性好、容量大且传输速率高等优点,除了可方便保存大量焊接工艺参数外,还可存储焊接过程中关键数据达到记录焊机运行状态便于离线数据分析的目的。另外,选用的单片机也应具备较强的抗干扰能力。

综合考虑上述功能要求,并结合系统硬件功能实现的难易程度,本方案决定选用 Microchip 公司生产的自带 USB 功能的 16 位闪存单片机 PIC24FJ256GB106 实现控制系统所要求的功能。该型处理器具有功耗极低(100 nA 待机电流)和存储容量大(高达 256 KB 闪存以及 16 KB 的 RAM)的特点,并且其自带 USB 功能,可以较便捷地实现 USB 数据通信。由于无须采用外部 USB 接口电路,从而大大简化了系统的硬件设计,图 2-7(a)即为 USB 接口部分电路。在实现对 USB 存储设备的存储和读取时,单片机 USB 模块工作在嵌入式主机模式,需要为 USB 总线单独提供 5 V 电源。为限制 USB 总线上的供电电流,应在总线上串联 PTC 热敏保险丝。

与前节所述 dsPIC30F 系列控制器一样，PIC24F 系列单片机也支持 ICSP 在线串行编程技术，仅需引出两个 I/O 端口（RB7 和 RB6）即可进行程序调试或烧写。图 2-7(b)为单片机模块 JTAG 调试接口电路。此外，该系列处理器所独有的引脚配置功能，使得其相对于其他系列处理器而言，在 I/O 端口和外设端口使用方面极具灵活性。常规的处理器尽管也能通过软件设置使普通 I/O 端口具备指定的某种外设引脚功能，但功能单一无法更改；然而对于该型处理器的大部分普通 I/O 端口，设计人员均可在软件上通过引脚配置功能使其具备任意所能提供的外设引脚功能，给硬件设计和软件调试提供了极大的便利，可在一定程度上避免设计初期因考虑不周全导致电路板须重新设计的情况，降低了开发成本。

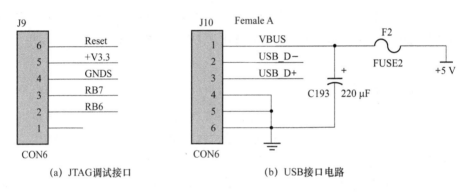

(a) JTAG调试接口   (b) USB接口电路

图 2-7　JTAG 调试接口及 USB 接口电路

3. CPLD 器件选型

按照预定设计方案，需要用 CPLD 器件配合 DSP 产生提供给主电路中正、负极性高频脉冲切换电路以及桥式电流极性转换电路中功率开关管所需的 PWM 控制信号。CPLD 作为可编程逻辑器件，内部包含灵活的可编程逻辑宏单元、可编程 I/O 单元以及可编程内部连线阵列，可以较便捷地实现所要求的时序逻辑和组合逻辑功能。

根据实际所需的 I/O 数量，结合控制系统低功耗以及经济性方面的要求，CPLD 器件选用 ALTER 公司生产的 MAX3000A 系列 EPM3128ATC100，该芯片是一款具有高性能、高灵活性和高可靠性的 CPLD 芯片，适用于各种复杂的逻辑控制和信号处理应用，且具有较高的稳定性和可靠性，适用于工业和商业应用领域的应用。此外，EPM3128ATC100 集成度较高，内置了大量的可编程逻辑单元和 I/O 资源，能够满足复杂设计的需求；芯片供电电压为 3.3 V，CPLD 管脚配置如图 2-8 所示。

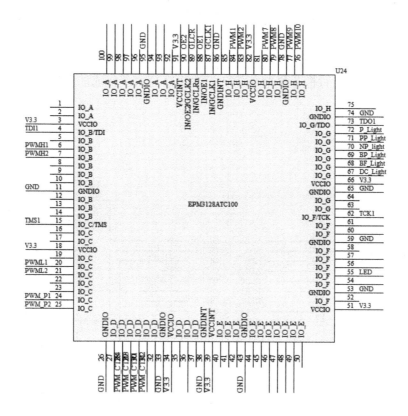

图 2-8　CPLD 管脚分布配图

2.3.2　电流给定及测量模块

在焊接的不同阶段（如引弧、起弧以及收弧等），须对焊接电流参数进行实时调节。传统的采用多个调节旋钮对各电流参数逐一调节和设定的模拟调节方案需要在焊接过程中人为调节各参数对应的旋钮以改变焊接工艺参数值，显然无法满足自动焊接的需要。为此，系统采用数字调节策略：由控制器的 D/A 输出替代调节旋钮，同时也提供单旋钮配合触摸屏的人机交互界面实现电流特征参数的逐一调节或一元化调节，使其在既能实现自动焊接的基础上，也能满足手动焊接在焊接过程中对焊接工艺中各种典型电流特征参数进行一元化调节的需要。

由于处理器本身不带 D/A 转换模块，且本系统设计中 DSP 处理器需要对基值电流和正反向峰值电流共计三路直流电流输出实现数字给定，选用美国 MAXIM 公司生产的可提供多达 8 路 D/A 输出的 D/A 变换器 MAX521，该 D/A

转换芯片采用 I²C 串行通信方式与处理器通信,由于该芯片采用单 5 V 直流电源供电,在与处理器实现 I²C 串行通信时,还须将时钟信号 SCL 及数据信号 SDA 经电平转换后送至 dsPIC30F6010A 处理器 I²C 通信端口才能实现正确的数据通信。图 2-9 为采用 D/A 转换芯片 MAX521 结合运算放大器构成的电压跟随器实现的电流给定电路。

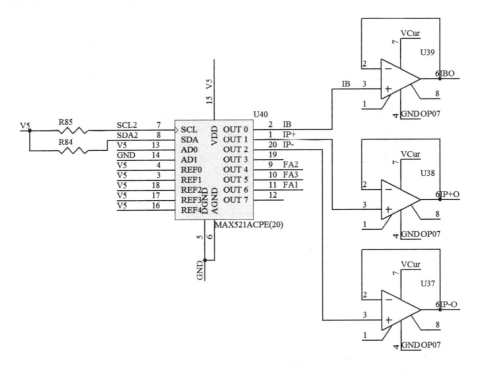

图 2-9　数字化电流给定电路

　　焊接过程中还需要对数字给定后的各路电流进行检测,并通过软件 PID 调节确保电流精度满足要求。常用的电流取样方法有分流器和霍尔传感器两种:分流器主要采用锰镍铜合金制成,虽然成本比较低,但存在信号较弱和信噪比较差的缺点;霍尔电流传感器具有动态性能好、测量精度高、工作频带宽且工作可靠等优点,并且可以实现测量回路和主回路的良好隔离,故逆变弧焊电源中常采用霍尔电流传感器对电流进行测量。在本控制系统中选用的霍尔电流传感器额定电流为 500 A,供电电源电压为 ±15 V。图 2-10 所示为采用霍尔电流传感器测量基值电流的电路,传感器输出的电流信号首先经 R_{192} 电阻转化为与 DSP 器件 AD 转换端口相匹配的 0～3.3 V 输出电压信号后,再经滤波电路以及电压跟随后送至 dsPIC30F6010A 器件 AD 端口进行模数转换。

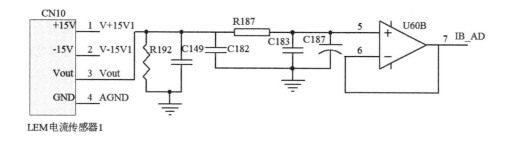

图 2-10　基值电流测量电路

2.3.3　电弧电压测量模块

　　电弧电压是反映电弧工作状态的重要物理量,可以用其反映 TIG 焊接过程中电弧长度的大小,控制电弧电压是进行弧长控制提高焊接质量的有效手段。高频引弧时可以根据所测电弧电压值判断电弧是否稳定燃烧。

　　通常,引弧成功与否可以用硬件比较电路来判断,但考虑到引弧过程中可能会出现电弧反复引燃后又熄灭的情况,采用软件判断方式更具灵活性和可靠性,因此本控制系统在测量电弧电压后利用软件方法来判断引弧是否成功。由于在焊接时电弧电压频谱中包含剧烈的高频高压震荡信号,如果将其直接送入 dsPIC30F6010A 处理器进行 A/D 转换,该信号将会对 DSP 器件产生非常强的干扰,因此有必要将电弧电压信号与控制系统隔离后再进行 A/D 转换。系统选用 LEM 公司的 LV-28P 系列霍尔电压传感器进行电弧电压测量,具体的测量电路如图 2-11 所示。由于测量的电弧电压信号为具有高频干扰的交流信号,故先采用扼流电抗器滤波,然后经全桥整流后使用霍尔电压传感器进行测量。

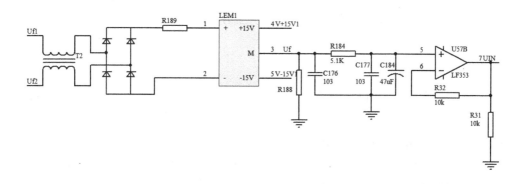

图 2-11　电弧电压采样电路

焊机空载时输出电压约为 70 V(正常焊接的时候大小为 20 V 左右),而设计中 dsPIC30F6010A 处理器为 3.3 V 供电且 ADC 模块基准电压源也为 3.3 V,故图 2-11 中须选择合适的输入电阻 R_{189} 和负载电阻 R_{188} 将电弧电压转换成处理器可以处理的电压范围(0~3.3 V)。电压传感器经负载匹配后产生的电压输出再分别经滤波处理和电压跟随后送入 DSP 器件 ADC 端口进行模数转换。

根据上述设计思路,设计了超音频脉冲方波变极性 TIG 焊电源主控板,主要包含 DSP 模块、单片机模块、CPLD 模块、电弧电压和电流测量模块以及其他辅助模块,主控板实物如图 2-12 所示。

图 2-12 电源主控板实物

2.4 人机交互系统设计

2.4.1 人机交互部分系统硬件设计

触摸屏作为新一代数字化人机交互界面,摆脱了传统人机交互界面复杂、不友好、可移植性和兼容性差等缺点,提高了人机交互功能的便捷程度。基于触摸屏的焊接电源操作界面,可方便地调节焊机参数,并且能实时监控焊机运行状态,具有操作简单、界面美观易懂的优点。此外,采用触摸屏实现人机交互,微处理器只需要使用少量 I/O 端口即可实现与触摸屏之间的数据传输,可节省处理器的 I/O 资源,简化系统硬件设计。因此,本系统以高性能微处理器 PIC24FJ256GB106 为控制核心,同时为保证触摸屏与处理器之间数据交换的可靠性,选用支持 Modbus 协议的触摸屏为操作界面,实现数字化焊接电源的人机交互系统设计。电流特征参数的设定和调节等人机交互功能主要通过触摸屏来实现,考虑到焊接操作进行过程中快速调节电流参数的需要,系统也提供常规的旋钮调节方式来对电流特征参数进行快速调节。

考虑到图形显示和数据处理功能的需要,并兼顾触摸屏的抗干扰能力要求,最终选用广泛应用于各种工业场合的台湾威纶通科技有限公司生产的 10 英寸 MT6100I 触摸屏,其采用直流 24 V 供电,为增强触摸屏的抗干扰能力,使用了隔离电源输入技术有效屏蔽电源产生的干扰。该触摸屏支持 RS232 和 RS485 两种通信接口,由于焊接电源所处的电磁环境较为复杂,为提高系统抗干扰能力,增强通讯可靠性,选用 RS485 接口完成单片机与触摸屏的通信,触摸屏与处理器之间的接口电路如图 2-13 所示。

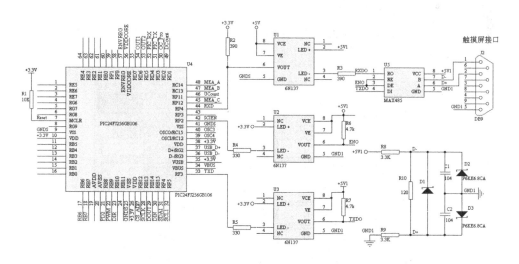

图 2-13 触摸屏与单片机通信接口电路

图 2-13 中 RXD 和 TXD 分别为处理器串行通信所用数据接收和数据发送引脚,由于 RS485 采用半双工工作方式,因此处理器须提供使能信号 SCIEN 对收发状态加以控制。为提高系统稳定性,处理器串行通信端口和控制端口均须通过 6N137 光耦隔离,然后送至 MAX485 芯片输入端,以达到将 TTL 电平转换为

RS485 电平的目的。RS485 总线上两个输出端分别接上拉电阻和下拉电阻，并且在输出端之间接匹配电阻使干扰信号很难产生串行通信的起始信号"0"，增强了总线的抗干扰能力。

2.4.2　人机交互系统软件实现

人机交互系统软件设计部分主要包含两个方面的内容，即 HMI 人机交互界面设计以及 Modbus 协议在微处理器中的软件实现。

人机交互界面的设计可由触摸屏配套提供的 HMI 人机界面设计组态软件 Easy Builder 8000 实现，该软件具有图形功能强大、简单易用的特点，并且提供了丰富多样的功能元件供用户自由组合，用户可根据自己需求，方便快捷地创建出直观的屏幕画面，完成人机交互界面的设计。设计出的人机界面主要由系统主界面、焊接工艺选择、焊接参数设定、焊接状态显示及故障报警等界面构成，其中焊接参数设定主界面如图 2-14 所示。由于 Modbus 协议采用主从通讯模式在处理器与触摸屏之间交换数据，须根据实际应用情况设置触摸屏的主从属性。在本人机交互系统中将微处理器作为主站，触摸屏设为从站响应处理器的各种操作，利用 Easy Builder 8000 组态软件设计人机界面时需要在工程属性中把 HMI 设置为 Modbus SERVER 模式。

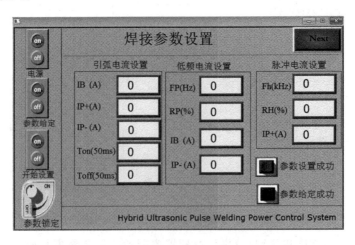

图 2-14　触摸屏焊接工艺参数设定界面

要实现微处理器与触摸屏之间的 RS-485 串行数据通信，微处理器需要根据触摸屏采用的 Modbus 通信协议编写相应的软件代码。Modbus 协议是一种有效支持控制器之间以及控制器经由网络（如以太网）与其他设备之间进行数据通信的协议。在 Modbus 协议中控制器使用主从技术进行通信,且通讯过程中仅有主设备能初始化数据传输,从设备则根据主设备提供的传输数据作出相应响应。标准 Modbus 网络有两种数据传输模式,即 ASCII 模式和 RTU 模式。当采用 ASCII 模式传输数据时,每个 8 位字节均需转化为两个 8 位字节的 ASCII 码字符,而在 RTU 模式中则仅需转换为一个字节的二进制码。因此,相同的波特率下 RTU 模式较 ASCII 模式具有更高的数据传输效率,故本设计采用 RTU 模式实现触摸屏与处理器之间的 Modbus 通信协议。RTU 模式下消息帧的结构如表 2-1 所示,由地址码、功能码、数据以及校验字节组成,每字节数据按有效位先低后高从左至右的顺序发送。

表 2-1　RTU 模式消息帧结构

	地址码	功能码	数据区	校验低字节	校验高字节
字节数	1	1	0～255	1	1

利用触摸屏进行参数设置或状态显示时,处理器与触摸屏之间数据传输按照 RS485 串行总线方式进行,并且遵循 Modbus 协议,因此处理器对触摸屏进行读写操作时,须按照所选择的 RTU 模式数据结构构建消息队列,消息队列的最后两个字节依次为校验生成的低 8 位字节和高 8 位字节,校验方法采用纠错性能强的循环冗余检验码 CRC 算法。在 MPLAB 编译环境下,利用 C 语言实现构建消息队列对寄存器写入长度为两字节整型数据的部分代码如下:

```
unsigned char tmp[8], tmp_lenth;
tmp[0] = DeviceID;                          //地址码
tmp[1] = 0x06;                              //命令码
tmp[2] = start_address >> 8;                //数据起始地址高字节
tmp[3] = start_address & 0xFF;              //数据起始地址低字节
tmp[4] = value >> 8;                        //待写数据高字节
tmp[5] = value & 0xFF;                      //待写数据低字节
tmp_lenth = 6;                              //有效数据长度
ConstructRtuFrame(GwSciTxBuffer, tmp, tmp_lenth);
……
```

上述代码中 ConstructRtuFrame()函数实现 CRC 校验字节的生成,采用基于查表的 CRC 校验算法实现,以满足高速通信的需要。

通过触摸屏设置焊接电流参数大小时,处理器要读取用户通过触摸屏输入的参数值,应通过功能码为"03"的读取保持寄存器操作来实现。将微处理器作为主站对触摸屏进行读写操作的程序流程如图 2-15 所示。

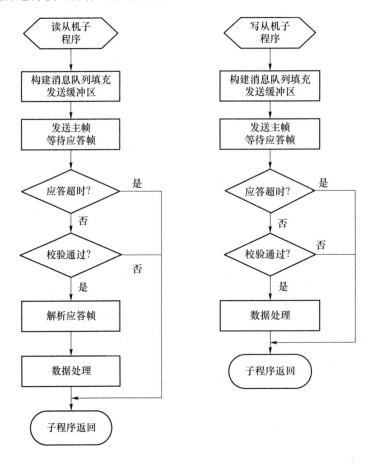

图 2-15 读写程序流程

2.5 主开关管的驱动

焊机基值电流、峰值电流产生主回路和峰值切换回路的主开关均采用 IGBT 器件。IGBT 是电压驱动器件,阈值电压为 2.5～5.0 V,栅极具有容性输入阻抗。IGBT 对驱动电路的基本要求如下。

(1) 因 IGBT 栅极具有容性输入阻抗,对栅极电荷非常敏感,故驱动电路的设计必须可靠,要保证有一条低阻抗的放电回路,即驱动电路与 IGBT 的连线要尽量短。

（2）用内阻小的驱动源对栅极电容充放电，以使栅极控制电压 U_{GE} 有足够陡的上升沿和下降沿，提高栅极电容的充、放电速度，从而提高 IGBT 器件的开关速度，减小 IGBT 的开关损耗。

（3）栅极驱动电压不应超过栅源间的额定电压，一般为 ±20 V，否则 IGBT 就可能会被击穿而永久性损坏。

（4）IGBT 开通后，栅极驱动源应能提供足够的功率，以使 IGBT 不会因退出饱和而损坏。在关断过程中，为尽快抽取 IGBT 中栅极的存储电荷，须施加栅极负偏压 U_{GE}，U_{GE} 不应超过栅源最大反向极限电压，一般取 $-2 \sim -10$ V。

（5）驱动电路要能传递几十 kHz 的脉冲信号。

（6）由于 IGBT 在电力电子设备中多用于高压场合，故驱动电路与控制电路在电路上应严格隔离。

（7）IGBT 的栅极驱动电路应尽可能简单实用，最好自身带有对 IGBT 的保护功能，并要求有较强的抗干扰能力。

2.5.1　基值、峰值电流产生回路主开关的驱动

本书研制焊机的基值电流和峰值电流产生主回路均基于 IGBT 模块构成的半桥式逆变直流拓扑结构，半桥式逆变电路的上下桥臂开关必须隔离驱动。电力电子设备中采用的隔离驱动方式主要有脉冲变压器隔离驱动和光耦隔离驱动两种。功率器件的不断发展使得驱动电路也在不断地发展，市场上相继出现了许多专用的驱动集成电路。常用的专用驱动集成电路有日本富士公司的 EXB 系列、日本三菱公司的 M579 系列和瑞士 CONCEPT 公司的 SCALE 系列与 IGD 系列，其中除 SCALE 系列为脉冲变压器隔离驱动外，其余均为光耦隔离驱动。光耦隔离驱动集成电路与脉冲变压器隔离集成电路相比，光电耦合器的速度不可能过快，并存在上升下降沿，而采用脉冲变压器隔离传输可获得陡直上升下降沿，几乎没有传输延时。基于光耦构成的隔离驱动电路具有线路简单、可靠性高、成本低等特点，在中等功率 IGBT 的驱动电路中被广泛采用。焊机产品中常用的集成驱动电路基本上都是基于快速光耦隔离的，具体型号有 EXB841、M57957L、M57962L 等。本书所研制焊机的基值电流和峰值电流产生回路的 IGBT 模块均采用富士公司的 EXB841 集成驱动模块。

图 2-16 是 EXB841 集成驱动器的原理框图，EXB841 主要由放大部分、过电流

保护部分和 5 V 电压基准等部分组成。EXB841 为单电源供电工作,内置的光电耦合器可承受 2 500 V 交流电压 1 min。EXB841 的 6 号脚通过二极管 ERA34-10 可检测 IGBT 的饱和压降,从而判断 IGBT 是否过流,用来完成过电流保护功能。4 号脚的过电流保护信号延时 10 μs 输出。EXB841 的最高工作频率为 40 kHz,其典型的应用电路如图 2-17 所示,应用 EXB841 驱动 IGBT 模块应注意以下两点。

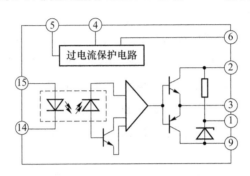

图 2-16　EXB841 的原理框图

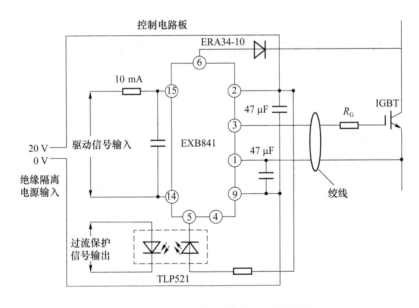

图 2-17　EXB841 构成的驱动电路原理图

(1) 应将驱动器输出级和 IGBT 之间的寄生电感减至最低,用绞线传递驱动信号,尽量减小二者之间距离,并且长度必须小于 1 m。

(2) 合适选择栅极串联电阻 R_G 对于 IGBT 的驱动非常重要。R_G 太大,会使 IGBT 开关过渡过程时间延长,功耗增加;R_G 太小,会使 di/dt 增大,可能引起门极电压振荡,造成触发误导通,严重时可能会损坏 IGBT。

2.5.2　峰值电流切换回路主开关的驱动

如前所述,焊机峰值电流切换回路主开关管采用单管 IGBT 模块,为了在电流降额使用情况下使 IGBT 工作开关频率超过额定工作频率甚至工作在 80 kHz 左右,峰值电流切换回路的开关管驱动模块选用 IXDN404。IXDN404 为 IXYS 公司生产的高速 CMOS 电平 IGBT/MOSFET 驱动器,驱动器信号延迟时间不超过 150 ns,开关频率可以高达 100 kHz,每片含有两路驱动,每路最高输出峰值电流可达 4 A。IXDN404 的电路原理如图 2-18 所示。

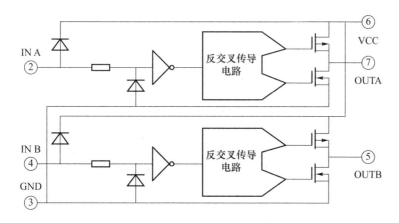

图 2-18　IXDN404 的电路原理图

为了获得更大的功率驱动大容量的单管 IGBT,将 IXDN404 的两路输出并联起来使用,并通过高速光耦 6N137 与控制电路隔离,峰值驱动电路如图 2-19 所示。

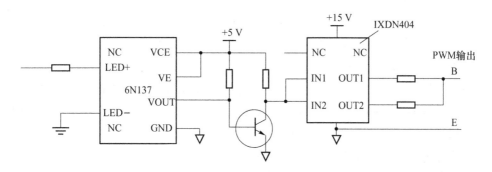

图 2-19　峰值驱动电路示意图

2.6 主开关管的保护

超音频大功率直流脉冲 TIG 焊机中的 IGBT 工作在高频、高电压和大电流的情况下,容易损坏。超音频大电流直流脉冲的电流变化率 $di/dt \geqslant 50$ A/μs,过高的电流变化率会引起高电压。另外由于电网电压波动、雷击和浪涌等因素的影响,使得超音频直流脉冲 TIG 焊机中的 IGBT 所承受的应力更大。IGBT 的安全稳定运行直接关系到超音频直流脉冲 TIG 焊机的可靠性。因此,超音频直流脉冲 TIG 焊机中的 IGBT 除了要降额使用外,IGBT 的有效保护也是使超音频直流脉冲 TIG 焊机主电路可靠运行的重要一环。超音频大功率直流脉冲焊机中 IGBT 的保护主要是过电流保护、过电压保护和过热保护。

2.6.1 主开关管 IGBT 过流保护

对 IGBT 的过电流保护是基于通过检测到 IGBT 过电流信号,再控制栅极驱动脉冲,使 IGBT 工作在安全工作区内。IGBT 过流保护电路可分为两类:一类是低倍数(1.2~1.5 倍)的过载保护;另一类是高倍数(可达 8~10 倍)的短路保护。

1)过载保护

IGBT 在过流时的开关和通态特性与其在额定条件下运行时的特性相比并没有什么不同。由于较大的负载电流会引起 IGBT 内较高的损耗。所以,为了避免超过最大的允许结温,IGBT 的过载范围应该受到限制。不仅仅是过载时结温的绝对值,而且连过载时温度变化范围也应该是限制因素。对于过载保护不必快速响应,可采用集中式保护。

2)短路保护

IGBT 能承受短路电流的时间很短,该时间与 IGBT 的导通饱和压降有关,随着饱和导通压降的增加而延长。例如,饱和压降小于 2 V 的 IGBT 允许承受的短路时间小于 5 μs,而饱和压降为 3 V 的 IGBT 允许承受的短路时间可达 15 μs,4~5 V 时可达 30 μs 以上。存在以上关系是由于随着饱和压降的降低,IGBT 的阻抗也降低,短路电流同时增大,短路时的功耗随电流的平方增大,造成承受短路的时间迅速缩短。

原则上,IGBT 是安全短路器件。也就是说,它们在一定的外部条件下可以承受短路电流,然后关断,而器件不会产生损坏。在考察短路时,要区分以下两种情况。

（1）短路 I 。短路 I 是指 IGBT 开通于一个已经短路的负载回路中，也就是说在正常情况下的直流母线电压全部降落在 IGBT 上。短路电流的上升速度由驱动参数（驱动电压、栅极电阻）所决定。由于短路回路中寄生电感的存在，这一电流的变化将产生一个电压降，其表现为集电极-发射极电压特性上的电压陡降。稳态短路电流值由 IGBT 的输出特性所决定。对于 IGBT 来说，典型值最高可达到额定电流的 8～10 倍。

（2）短路 II 。在此短路情形下，IGBT 在短路发生前已经处于导通状态。与短路情形 I 相比较，IGBT 所受的冲击更大。一旦发生短路，集电极电流迅速上升，其上升速度由母线电压和短路回路中的电感所决定。在时间段 1 内，IGBT 脱离饱和区。集电极—发射极电压的快速变化将通过栅极—集电极电容产生一个位移电流，该位移电流又引起栅极—发射极电压升高，其结果是出现一个动态的短路峰值电流。在 IGBT 完全脱离饱和区后，短路电流处于稳态值（时间段 2）。在此期间，回路的寄生电感将感应出一个电压，其表现为 IGBT 过电压。在短路电流稳定后（时间段 3），短路电流被关断。此时换流回路中的电感将在 IGBT 上再次感应一个过电压（时间段 4）。IGBT 在短路过程中所感应的过电压可能会是其正常运行时的数倍。

短路 I 和短路 II 均将在 IGBT 中引起损耗，从而使结温上升可能超过 IGBT 最大允许结温。导通时间越长，发热越严重，则正向偏置安全运行工作区越窄。

为保证 IGBT 安全运行，必须满足下列重要的临界条件：

① 短路必须被检测出，并在不超过 $10\ \mu s$ 的时间内关闭 IGBT，使 IGBT 运行在短路安全运行区内；

② 两次短路的时间间隔最少为 1 s；

③ 在 IGBT 的总运行时间内，其短路次数不得大于 1 000 次。

IGBT 过电流的检测方法主要有两种：

① 用电阻或电流互感器检测 IGBT 集电极的电流；

② 通过 IGBT 的 $U_{CE(sat)}$ 检测过电流。

检出过电流信号后进行保护，一般采取两种方式：

① 直接关闭驱动信号；

② 软关断驱动信号。

前述集成驱动电路自带的过电流保护电路一般采用软关断驱动信号，用来消除过流时硬关断引起的电压尖峰。

2.6.2 主开关管 IGBT 过压保护

主开关管 IGBT 过压保护主要包括两个方面：①IGBT 栅极过压保护；②集电

极与发射极之间的过压保护。

1. 主开关管 IGBT 栅极过压保护

IGBT 的栅极－发射极驱动电压 U_{GE} 的保证值为 ±20 V,若栅极和发射极之间电压超过保证值,则可能会损坏 IGBT。引起栅极过压的原因主要有以下三种。

(1) 栅极与集电极和发射极之间寄生电容使栅极过压。若栅极与发射极之间开路,而在其集电极与发射极之间加上电压,则随着集电极电位的变化,由于栅极与集电极和发射极之间寄生电容的存在,栅极电位升高,集电极－发射极有电流流过。这时若集电极与发射极之间处于高电压状态,可能会使 IGBT 发热甚至损坏。

(2) 静电聚积在栅极电容上引起过压。

(3) 电容密勒效应引起的栅极过压。

为防止栅极过压,在 IGBT 的驱动电路中设置栅压限幅电路,并在栅极与发射极之间并接一个几十 kΩ 的电阻。栅极过压保护电路如图 2-20 所示,保护电路应尽量靠近 IGBT 的栅极与发射极。

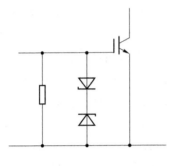

图 2-20　IGBT 栅极过压保护电路

2. 主开关管 IGBT 集电极与发射极之间的过压保护

主开关管 IGBT 产生集电极与发射极过压主要有两种情况:①施加到直流母线上的电压过高;②集电极与发射极之间的浪涌电压过高。施加到直流母线上的电压过高是由于输入交流电源发生异常。浪涌电压过高是由于电路中分布电感的存在,加之 IGBT 的开关速度较快,当 IGBT 关断以及 IGBT 模块内部反并联二极管反向恢复时,就会产生很大的浪涌电压。

常用的抑制集电极与发射极之间过压的措施和方法如下。

(1) 降额使用 IGBT,在选取 IGBT 时考虑设计裕量。

(2) 在电网输入端加压敏电阻和防雷击放电管等保护。金属氧化物压敏电阻是一种良好的电压尖峰抑制器件,它的响应时间为纳秒级,能抑制宽度很窄的尖峰电压。

(3) 直流输入母线并电容,并且选择高频特性好的无感电容。

(4) 根据情况加装缓冲保护电路,旁路高频浪涌电压。尽量减小主电路的分布电感,电容采用低感电容,二极管采用快开通和软恢复二极管。

(5) 采用动态栅极控制的方法,在 IGBT 过电流或短路的情况下减慢关断过程来限制 IGBT 的过电压。栅极串接大的电阻、栅极注入一个预先定义的电流和集成驱动电路如 EXB841 中的软关断功能等都是用来在 IGBT 过电流或短路情况下减缓 IGBT 的关断过程,限制 IGBT 集电极和发射极之间过压。

上述几种防止主开关管 IGBT 集电极与发射极之间过压的方法在本书所研制的大功率超音频直流脉冲 TIG 焊机中均有采用。

2.6.3 过热保护

由于流过 IGBT 的电流较大,开关频率较高,导致 IGBT 器件的损耗也比较大,如果热量不及时散掉,器件的结温 T_j 可能超过 T_{jmax},可能损坏 IGBT。IGBT 过热的原因可能是驱动波形不好,电流过大,开关频率太高,也可能是散热不良。IGBT 过热保护是利用温度传感器检测 IGBT 的散热器温度,当超过允许温度时使主电路停止工作。由于存在热惯性时间常数的关系,只能测得平均温度,这种保护仅仅是过载保护。过热保护在驱动和散热良好的情况下,基本上都是由低倍数的过流引起,过热保护也可以看成是过流保护中过载保护的一种。

在桥式逆变直流回路主开关 IGBT 器件的应用过程中,只有在过压、过流和过热等方面都采取有效的保护措施,才能保证主回路安全可靠地工作。

2.7 控制系统软件设计

2.7.1 数字 PID 控制算法

由超音频脉冲方波变极性 TIG 焊电源主电路结构可知,前级电路为三路具有恒流外特性的直流电源,为满足高质量焊接需要,要求三路输出电流具备很好的恒流特性和动态特性。本书采用数字 PID 调节方式对电流进行反馈控制,从而提高电流控制精度,满足所要求电流输出特性。

PID 控制算法因其良好的适应性和灵活性,在弧焊电源控制领域得到广泛应用,常用的 PID 控制规律为:

$$u(t) = K_P \left[e(t) + \frac{1}{T_I} \int_0^t e(t) \mathrm{d}t + \frac{T_D \mathrm{d}e(t)}{\mathrm{d}t} \right] \tag{2-1}$$

其中:$e(t)$ 为被控对象实际输出值与设定值之间的偏差,用作 PID 控制器的输入;

K_P 为比例系数；T_I 为积分时间常数；T_D 为微分时间常数；控制器的输出为 $u(t)$，将其作为被控对象的输入。

数字 PID 控制是一种采样控制，因此需要对其进行离散化处理，具体实现方式为：将连续时间 t 用一系列采样时刻点 kT 代替，而积分运算和微分运算则分别用求和项和增量代替。为保证获得较高控制精度，采样周期 T 必须足够短。离散化处理以后的 PID 控制规律为：

$$u(k) = K_P e(k) + K_I \sum_{j=0}^{k} e(j) + K_D [e(k) - e(k-1)] \tag{2-2}$$

其中：K_P 为比例系数；K_I 为积分系数；K_D 为微分系数；$u(k)$ 为被控对象第 k 次采样后产生的控制输出，与采样时刻前所有状态有关。当控制系统执行部分需要的不是控制量的绝对值，而是其增量时，可将式(2-2)表述成增量形式：

$$\Delta u(k) = K_P \Delta e(k) + K_I e(k) + K_D [\Delta e(k) - \Delta e(k-1)] \tag{2-3}$$

其中，$\Delta e(k) = e(k) - e(k-1)$。采用增量式 PID 控制规律只需用到当前采样时刻及之前两次采样时刻测量值偏差便可给出控制增量，即使发生误动作也不会对输出造成较大影响，且通过加权处理手段很容易获得好的控制效果。超音频脉冲方波变极性 TIG 焊机中各路直流电源恒流反馈控制均采用增量式数字 PID 控制算法，图 2-21 即为基值电流增量式 PID 调节算法流程。增量式数字 PID 算法具有如下特点：不需累加；控制增量只与最近几次采样有关；即使误动作也对输出影响较小；较容易通过加权处理获得良好的控制效果。此外，采用增量式数字 PID 算法也可有效消除积分饱和问题，提高电源系统的响应速度和稳定性。

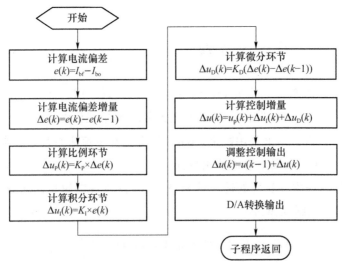

图 2-21　增量式 PID 调节算法流程图

在对电流进行采样的过程中,为消除尖峰干扰并保证电流采样的可靠性,需要对电流采样值进行数字滤波处理。在本设计中采用中值平均滤波方式,即将最大值和最小值从 N 个原始数据中去除,最终采样结果即为剩余 $N-2$ 个数据的平均值。

2.7.2 工艺参数存储及自动给定

如前所述,系统采用威纶通触摸屏 MT6100IH 实现人机交互功能,用户可以通过 HMI 人机操作界面自行设定各电流参数,也可由控制系统根据存储的焊接工艺数据直接给定工艺参数。下面介绍焊接工艺参数自动给定的实现方法。

由于需要在建立的超音频脉冲方波变极性 TIG 焊接电源平台上开展多种类型焊接工艺试验,对于每种焊接工艺,均需存储大量焊接工艺参数。为满足实现大容量存储以及便于工艺参数批量更新等要求,系统采用 USB 方式进行存储,具体存储方案为:在 USB 闪存盘的根目录下,建立与各种不同焊接工艺相对应的以焊接工艺命名的文件夹;在每个文件夹内,按照不同材料类型,建立以材料类型名称命名的 txt 型文本文件,文本文件的存储格式定义如表 2-2 所示。

控制系统中 PIC24FJ256GB106 处理器负责触摸屏人机交互功能实现以及 USB 功能实现,该处理器对 USB 闪存盘的读取或写入操作以扇区(512 B)为单位进行操作,故可将每条工艺参数用 32 B 表示。表 2-2 中未注明的字节序号中,第 31 和第 32 个字节分别为回车符和换行符,其余字节均为空字符。

表 2-2　焊接工艺参数 USB 存储格式

含义	材料厚度	焊接方式	焊接速度	基值电流	正向峰值电流	正向峰值电流	脉冲频率	占空比 1	变极性频率	占空比 2
序号	1~2	4	6~8	10~12	14~16	18~20	22~23	25	27~28	30
数量	2	1	3	3	3	3	2	1	2	1

在参数设置界面可选择是自行设定参数还是由系统给定工艺参数,图 2-22 所示为实现工艺参数自动给定的软件流程图。

如果选择由系统自动给定工艺参数,控制器会读取 USB 闪存盘,根据用户设定的焊接工艺模式在 USB 闪存盘根目录寻找对应的文件夹,然后根据材料类型查找对应的存有工艺参数的 txt 文件,若焊接工艺中没有与该材料对应的焊接工艺,用户须自行设定参数或者选择在数据库与材料类型相近的工艺参数中再次查找。找到与设定材料类型对应的 txt 工艺文件后,即可根据材料厚度匹配工艺参数。

值得注意的是,所存储的焊接工艺中不可能涵盖所有与焊接材料厚度相对应的工艺参数,故 txt 工艺文件中还须存储反映焊接平均电流与材料厚度对应关系的函数关系式,若工艺文件中没有与所提供材料厚度相对应的工艺参数,则系统根据 txt 文件中所存储的函数关系式计算出所需平均电流,然后通过后续第 4 章内容中所确定的一元化算法给定焊接工艺参数。

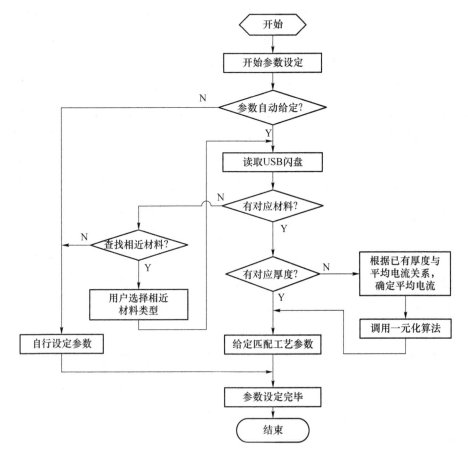

图 2-22　工艺参数自动给定流程图

采用上述方案可以很方便地实现焊接工艺参数自动给定,在焊接过程完成以后,可通过触摸屏实时将试验所确定的焊接工艺参数存入 USB 闪存盘,完成对工艺参数的更新与修改。若需对工艺参数批量更新或导入,只需按照指定格式在计算机上生成 txt 工艺文件后,直接复制到 USB 闪存盘中即可。

2.7.3 焊接过程控制

无论是手工 TIG 焊还是自动 TIG 焊,完整的焊接过程都应包含引弧、起弧、焊接以及收弧 4 个阶段。在对自动化程度和焊接质量要求较高的焊接加工场合:一方面为了避免接触引弧方式导致的钨极非正常烧损和焊缝夹钨的缺陷,必须采用非接触方式进行引弧;另一方面为了提高生产效率,应尽量减少焊接过程中的人工干预。因此,对于超音频脉冲方波变极性 TIG 焊接电源而言,需要实现非接触引弧和电流自动调节两个方面的基本功能,才能按照如图 2-23 所示的控制时序开展高质量自动焊接。基于 2.3.2 小节所述的数字化电流给定方式以及 2.7.1 小节中数字 PID 控制算法,可以很方便地满足电流精确自动调节需要,在此不再赘述其过程,这里主要针对非接触引弧的实现方法进行介绍。

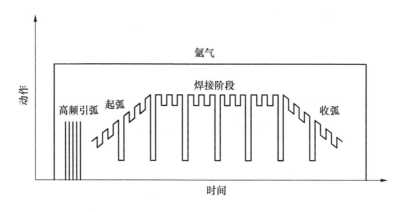

图 2-23 焊接过程控制时序

考虑到引弧成功率是衡量焊机性能优劣的重要指标,直接影响着焊接过程的稳定性和生产效率,故系统采用引弧性能稳定且结构简单的高频高压引弧技术来实现非接触引弧:即将高频振荡器接入电源网络,使工频交流电转换成高频高压交流电并串接在焊接回路中,该高频高压交流电在击穿焊接工件与钨极之间的间隙后便可引燃焊接电弧。该引弧方式的缺点在于易击穿焊接电源和焊接回路中的其他电气元件,或者因高频干扰导致电源控制系统中处理器无法正常工作。超音频脉冲方波变极性 TIG 焊接工艺中,既要实现引弧成功率高的非接触式引弧功能,又要保证电源系统具有超音频脉冲电流输出能力且电流沿变化率可以达到 50 A/μs 以上,对系统硬件设计及软件设计提出了更高的要求。为了减少高频干扰对电源的不良影响、提高引弧的可靠性:一方面,需选取合适的高频振荡器回路电路元器件参数,将高频的作用时间限制在最小值,整个硬件控制系统设计上也要采用屏蔽、隔离及滤波等措施来有效抑制干扰;另一方面,在软件设计上采取数据冗余技术以及故障自恢复技术等手段,使控制系统具备较强的抗干扰能力。

此外,若直接采用超音频脉冲方波变极性焊接方式引弧,则起弧瞬间也会对控制系统造成很大的干扰。根据控制系统设计方案,焊机可以很方便地实现多种焊接方式。为此,可以采用如图 2-24 所示的引弧方案:在引弧过程中,控制系统将焊接模式设置成直流正接(DCEN)焊接模式;为避免钨极烧损,将各电流设定为较小值,采用小电流起弧。

控制系统发出开启引弧继电器指令后,会根据所采集的电弧电压,判断电弧是否稳定燃烧。若达到稳定系统,则关闭引弧交流接触器,并自动将焊接模式转为所需要的超音频脉冲变极性焊接模式,将电流按一定斜率缓升至工作电流,开始正常焊接流程。

采用上述引弧策略后,该焊接平台具备极高的焊接电弧一次起弧成功率,完全满足高质量焊接及焊接自动化的要求。

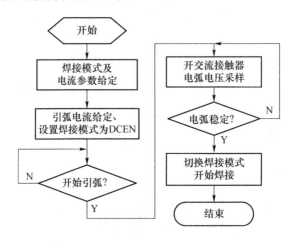

图 2-24   引弧流程图

2.8   控制系统抗干扰措施

控制系统在实际应用中常常受到各种干扰的影响,为了保证系统的稳定性和性能,需要采取一些措施来抵抗这些干扰。大功率超音频直流脉冲电流由两套逆变直流主回路并联调制而成,导致双处理器并行全数字化控制系统工作的电磁环境非常恶劣,存在着多种干扰源。首先每套逆变直流主回路就是一个强的噪声发射源,逆变中频变压器、输出电感等感性器件在电流变化时会产生较高的电压尖峰,电压尖峰不仅影响电源品质,而且造成空间电磁干扰。另外,超音频直流脉冲 TIG 焊机焊接时的电流变化速率大于或等于 50 A/μs,过高的电流变化速率会产生较强的电磁干扰,因此峰值切换回路、功率传输电缆及焊接电弧都是较强的电磁干扰源。恶劣的电磁工作环境对全数字化控制系统的抗干扰性提出了更高的要求。双处理器并行控制系统抗干扰性能的根本在硬件,软件抗干扰只是补充环节。硬件的设计和制作应尽可能完善,不能轻易降低标准让软件去补救。软件的编写要处处考虑到硬件可能的失效及可能的干扰等种种问题,在保证实时性、控制精度和控制功能的前提下,尽力提高系统的抗干扰性能。

2.8.1 硬件抗干扰

对于双处理器并行全数字化控制的干扰可分为外部干扰和内部干扰两种。控制系统外部干扰主要是指控制系统受到的传导干扰和辐射干扰;控制系统内部干扰主要是指控制系统电路板内部高速数字电路之间的干扰。

双处理器并行全数字化控制系统的外部干扰主要来自空间辐射干扰和经电源线、信号线引入的传导干扰,对于外部干扰在硬件上应采用屏蔽、隔离、滤波等措施。

双处理器并行全数字化控制系统的内部干扰主要是指电路板内部信号传输线之间的电磁干扰,其主要形式有线间串扰、辐射干扰和反射干扰。对内部干扰源主要是通过合理布线来提高系统的抗干扰水平。

2.8.2 软件抗干扰

由于双处理器并行全数字化电源控制系统工作在比较恶劣的电磁环境中,大量的干扰源虽不能造成并行控制系统硬件的损坏,但常常使系统不能正常运行,致使控制系统失灵。控制系统的鲁棒性对焊机可靠性和实用性的影响是致命的。总结实验中遇到的现象,干扰对全数字化控制系统的影响分为 3 种情况:第一种是数据错误包括数据采集误差和 RAM 数据因干扰而改变;第二种是 I/O 状态失灵;第三种是所谓程序"跑飞"现象,也是最严重的情况。用软件方法处理干扰所产生的故障,实质上是采用冗余技术对故障进行屏蔽,对干扰相应地进行掩盖,在干扰过后对干扰所造成的影响在功能上进行补偿,实现容错自救。软件抗干扰是一种价廉、灵活、方便的抗干扰方式。纯软件抗干扰不需对干扰源精确定位,不需定量分析,故实施起来灵活、方便,用于全数字化电源控制系统可有效保证系统的可靠性和实用性。

良好的软件结构和数据结构是保证数字控制系统鲁棒性的最重要环节,是实现软件抗干扰技术的基础。软件抗干扰仅是在硬件平台上用软件实现控制功能的附加手段,也是对硬件抗干扰的有力补充。本节将具体介绍针对 RAM 数据出错的数据冗余技术、针对程序"跑飞"的软件拦截与程序异常自诊断技术和程序或故障自动恢复技术。另外,常用的软件抗干扰措施,如针对数字采样的数字滤波方法、针对 I/O 状态失灵的输入端口重复检测方法和输出端口数据刷新方法以及针对程序"跑飞"的看门狗复位技术也在本书所研制的全数字化控制系统的软件设计中得到了应用。

1. 数据冗余技术

当 DSP 和 RAM 受到干扰或程序跑飞时,有可能破坏 RAM 中的数据。工程实践表明,干扰仅会使个别数据丢失,并不会冲毁整个 RAM 区,这就是用数据冗余的思想保护 RAM 中数据的依据。由于干扰作用使 RAM 中的数据出错后,通过冗余设计的查错和纠错方法,就可以对出错的数据进行自救恢复工作。进行数据冗余备份时,备份数据不得少于两份,各备份数据应相互远离分散放置并远离系统堆栈区。

2. 软件拦截技术与程序异常自诊断

软件拦截技术是指当乱飞程序进入非程序区或表格区时,采用冗余指令将程序引向特定的对出错进行处理的程序的起始处。对于 DSP 系统可充分利用不可屏蔽中断(NMI),在 DSP 访问无效的地址时,不可屏蔽中断就会发出请求,程序转到不可屏蔽中断向量入口地址处。

利用主循环程序和中断服务程序相互监视。全数字化控制系统采用前文所述的结构,主程序循环和中断服务程序都有一定的运行规律可循。每个监视对要定义一个 RAM 单元,依靠对其计数/清零的方式表达相互监视信息。不仅主程序循环和中断服务之间可形成相互监视,中断服务程序与中断服务程序之间也可相互监视。监测到异常则可直接将程序跳转到起始处执行故障自恢复程序。

双处理器并行系统中的两个处理器可互相监视对方是否正常运行,监视方法与上述主循环程序和中断服务程序之间的相互监视方法相似。

3. 程序或故障自动恢复技术

全数字控制系统因干扰导致程序"跑飞"或者死循环,利用前文所述软件拦截、程序自诊断和看门狗技术使系统尽快摆脱失控状态而实现软件复位。一般来说,因干扰导致软件复位时,控制过程并不要求从头开始,而需要尽快恢复软件复位前的 I/O 状态和数据状态。程序"跑飞"期间有可能损坏 I/O 状态和 RAM 数据,需要利用前述数据冗余技术进行恢复。程序复位方式分为上电复位和软件复位两种方式,只有软件复位需要进行自动恢复。

本书在全数字化控制系统的研制过程中始终把抗干扰作为考虑的重要问题之一,从硬件和软件两个方面来采取抗干扰措施,把硬件和软件有机地结合起来,有效地保证了控制系统和电源主回路稳定可靠地工作。

本 章 小 结

本章针对现有样机上控制系统方案存在的不足,基于现有的主电路拓扑结构,结合实际焊接高质量自动化生产需要,设计出新的数字化电源控制系统和数字化人机交互系统,在此基础上搭建了复合超音频脉冲方波变极性 TIG 焊接平台。

(1) 研制出一套基于 DSP 和 MCU 的主从式双处理器数字化控制系统,控制系统中 DSP 主要完成各路直流电源输出电流的数字给定与调节,并配合 CPLD 实现对主电路拓扑中高频脉冲切换电路和桥式极性变换电路的协同控制;MCU 则完成系统的人机交互、工艺参数存储和调用、与外部的通信以及其他辅助控制功能。

(2) 选用威纶通 MT6100I 触摸屏作为复合超音频脉冲方波 TIG 焊接电源的主要人机交互功能实现方式,利用 Easy Builder 8000 组态软件设计了焊机人机交互界面,实现了电流特征参数的灵活设定和独立调节。

(3) 采用数字 PID 调节方式实现了具备恒流特性的直流电源输出;选用 USB 闪存盘存储焊接工艺参数,配合触摸屏人机交互手段实现了工艺参数自动给定;通过切换焊接模式和小电流引弧策略使高频引弧功能具备极高的一次引弧成功率,结合数字化电流给定和调节手段,实现了焊接过程的有效控制。

第 3 章

超音频脉冲方波变极性 TIG 焊波形控制

在超音频脉冲方波变极性 TIG 焊接工艺中,焊接过程控制的顺利实施要求电源系统能对输出电流波形进行有效控制,否则无法满足高质量自动焊接的需要,因此控制系统除了要能对三路直流电源电流输出进行精确控制外,还必须稳定可靠地同步控制桥式电流极性变换电路和正、负极性高频脉冲切换电路中各功率开关器件的开通和关断,以实现对电流波形参数的精确控制和独立调节。如何有效地产生 3 部分电路中的 PWM 信号,是对电流进行有效变换的关键技术之一。大部分 DSP 器件(如 TI 公司的 TMS320LF2407 等处理器)虽然都具有 PWM 输出功能,但是要实现多路呈复杂逻辑和时序关系的 PWM 输出,需要占用大量软件资源且软件可扩展性差。本书结合产生具备快速脉冲电流沿变化速率和极性变换速率特点的超音频脉冲方波变极性 TIG 电流输出波形对数字化 PWM 的具体要求,利用 DSP+CPLD 方案实现了呈复杂逻辑的数字化 PWM 信号输出。本章详细阐述了超音频脉冲方波变极性 TIG 焊接方法中波形变换和控制策略,以及基于该策略实现复合调制脉冲 PWM 输出的方法。

3.1 超音频脉冲方波变极性 TIG 焊波形变换和控制策略

如前所述,在超音频脉冲方波变极性 TIG 焊机电源主电路结构中,前级由 3 路恒定直流(脉冲基值电流、正向脉冲峰值电流以及反向脉冲峰值电流)输出构成,其中正向脉冲峰值电流和反向脉冲峰值电流还需分别经过正、负极性脉冲峰值切换电路再与基值电流进行并联叠加。后级则由桥式极性变换电路构成,叠加以后的电流经极性变换以后即可获得复合超音频脉冲方波电流输出。因此,稳定可靠地同步控制桥式极性变换电路以及正反向脉冲峰值切换电路中各功率开关器件的导通状态是获得复合超音频脉冲方波电流输出的关键。

3.1.1 桥式极性变换电路波形变换和控制

1. 桥式电流极性切换电路拓扑

通过对叠加了超音频脉冲的直流输出电流进行极性变换可以获得复合超音频脉冲方波变极性电流输出。对于变极性电流输出而言,电流极性变换频率和变极性电流的上升沿、下降沿变化率是重要的特征参数,提高电流极性变换频率和变化速率会对焊接电弧产生重要影响,有利于提高铝合金焊接质量。因此,如何能够稳定可靠地实现电流极性的快速变换并获得满意的方波电流输出是变极性技术的关键。

电源系统所采用的极性变换电路如图 3-1 所示,该电路采用全桥式变换拓扑结构,两个桥臂分别由功率开关管 VT_1、VT_4 和 VT_2、VT_3 及其两端反并联的功率二极管 $VD_1 \sim VD_4$ 组成,其中 $VT_1 \sim VT_4$ 使用 IGBT 功率模块,$VD_1 \sim VD_4$ 直接采用 IGBT 模块内部的反并联二极管。受输出回路电感等因素的影响,功率开关管 $VT_1 \sim VT_4$ 在实际工作过程中会承受比较大的电压尖峰,欲实现过零无死区时间且具有快速电流沿变换速率的变极性方波电流输出,需要一套辅助吸收保护电路有效抑制并吸收工作过程中的尖峰电压,在保证电流极性快速变换过程中电路工作安全可靠前提下,提高变极性方波电流上升沿和下降沿变化速率。

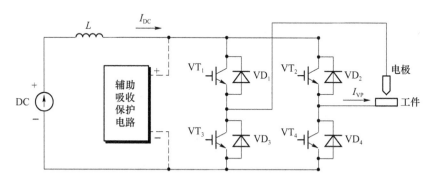

图 3-1 全桥式电流极性变换电路拓扑结构示意图

如图 3-2 所示,辅助吸收保护电路主要由电解电容 C_E、无极性电容 C、快恢复功率二极管 VD、功率电阻 R 以及由工频变压器和全桥整流器构成的辅助直流电源等部分组成。在实际焊接时,辅助直流电源会根据功率开关管保护吸收的需要,输出给定的预设电压 U_E。一般情况下,该预设电压 U_E 值会高于桥式电流极性变换电路两端产生的尖峰电压 $U_{\Delta PP}$，因此会使快恢复二极管 VD 反向截止。当桥式电流极性变换电路两端产生较大的尖峰电压 $U_{\Delta PP}$ 且满足 $U_{\Delta PP}>U_E$ 时，会使快恢复二极管 VD 处于正向导通状态，电容组 C 和 C_E 迅速将尖峰电压吸收，而功率电阻 R 也能将多余的能量转化为热能释放，从而实现对电压尖峰的有效快速吸收。在实际应用过程中，辅助直流电源的预设输出电压 U_E 应根据具体电路和设计参数要求设定为某一合适值，否则将会降低电路保护可靠性或使变极性方波电流沿变化速率下降。其原因在于，当设置的辅助直流电源输出电压 U_E 过低时，将提前开通快恢复二极管 VD，桥式极性变换电路的前级输入电流 I_{DC} 会通过快恢复二极管 VD 形成分流回路，使得产生的变极性方波电流 I_{VP} 输出波形沿变化速率大幅下降；而设置的辅助直流电源输出电压 U_E 过高时，无法有效吸收尖峰电压，从而降低对电路中功率开关管保护的可靠性。

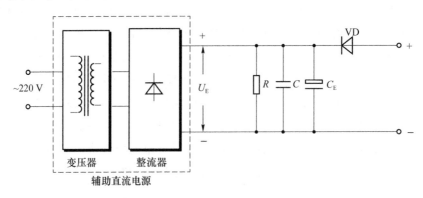

图 3-2　辅助吸收保护电路结构示意图

2. 桥式电流极性切换电路控制策略

在全桥电流极性变换电路中，控制系统产生一对 PWM 控制信号控制两个桥臂中功率开关管通断状态即可产生变极性电流输出，所需的 PWM 控制信号和产生的输出电流波形如图 3-3 所示，其中 P_1/P_4 和 P_2/P_3 分别用于控制两个桥臂 VT_1、VT_4 和 VT_2、VT_3 的导通状态，电流 I_{VP} 为电路输出端获得的变极性方波电流。在 t_1 时刻 P_2/P_3 产生的高电平控制信号经驱动后使得开关管 VT_2 和 VT_3 导通，P_1/P_4 产生的低电平控制信号则关断开关管 VT_1 和 VT_4，此时电流从工件流向电极，处于变极性输出 DCEN 阶段；在 t_2 时刻 P_2/P_3 产生的低电平控制信号经驱动后使得开关管 VT_2 和 VT_3 关断，P_1/P_4 产生的高电平控制信号则开通开关管 VT_1 和 VT_4，此时电流从电极流向工件，处于变极性 DCEP 阶段。

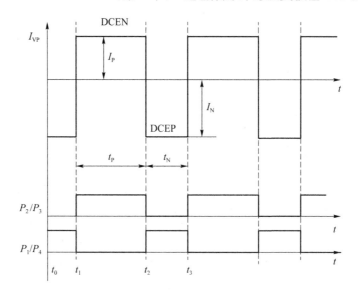

图 3-3　功率开关管驱动控制信号及电流波形示意图

在全桥式电流极性变换电路中,两组开关管按照上述规律可靠地开通与关断是产生变极性输出的关键。通常情况下,为了保证开关管工作安全可靠,会采用上下桥臂驱动信号之间设置一定死区时间的"共同截止"控制策略,以避免出现上下桥臂中开关管出现短路导通的状态。"共同截止"策略虽然对保证开关管安全工作起到了一定的作用,但是不可避免地降低了输出电流极性转换速率,并且会使电弧电流出现零死区,尤其是在小电流焊接时不利于电流极性转换过程中电弧的稳定燃烧,导致变极性电源中还需附加专门的维弧装置才能保持电弧稳定。在本桥式电流极性变换电路中,由于直流电源输出侧大滤波电感的存在,上下桥臂开关管直通时电流上升速率会受其抑制,因此允许上下桥臂中开关管出现短暂直通现象。为缩短开关管导通时间对电流极性变化速度的影响,可以考虑采用"共同导通"策略对桥臂中开关管导通状态加以控制,达到提高电流极性转换速率和电流沿变化率的效果。"共同导通"策略下两组开关管对应驱动控制信号以及输出电流波形如图 3-4 所示(在图 3-3 基础上将需要开通的开关管提前 t_{on} 时间开通,使上、下桥臂具有一定的直通时间)。

在铝合金变极性焊接过程中,电流极性变化速率的提高有利于维持电流过零瞬间电弧空间的残余电离度和温度,可使焊接电源不需要借助其他稳弧措施即可很容易再引燃电弧并维持电弧稳定燃烧。共同导通时间 t_{on} 对电流极性变化速率有着重要影响,合理的共同导通时间 t_{on} 可以在保证 IGBT 开关器件安全工作的前提下提高电流极性变化速率,从而提高电弧稳定性。

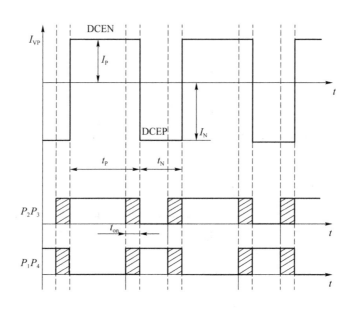

图 3-4　共同导通策略下驱动控制信号及电流波形示意图

以变极性电流从 DCEP 阶段向 DCEN 阶段转换过程为例分析共同导通时间对电流极性变化速率的影响。在图 3-5 所示波形中，U_{GE2}/U_{GE3} 和 U_{GE1}/U_{GE4} 分别为图 3-4 所示控制信号 P_2/P_3 和 P_1/P_4 经 2SD315 驱动模块进行功率放大后产生的驱动信号，且两路驱动信号具有共同导通时间 t_{on}。在图示 t_1 时刻之前，驱动信号 U_{GE1}/U_{GE4} 已经使开关管 VT$_1$ 和 VT$_4$ 处于导通状态，输出处于变极性 DCEP 阶段；$t_1 \sim t_2$ 阶段为 IGBT 器件（VT$_2$ 和 VT$_3$）开通延迟 $t_{d(on)}$ 阶段，开通延迟时间较短（约为 0.5 μs），在该阶段 VT$_2$ 和 VT$_3$ 处于预开通状态，由于电源侧滤波电感 L 足够大，电弧电流 i_{VP} 基本保持不变；$t_3 \sim t_4$ 阶段则为 IGBT 器件（VT$_1$ 和 VT$_4$）关断延迟 $t_{d(off)}$ 阶段，关断延迟时间较开通延迟时间略长（约为 1.1 μs）。

（1）当共同导通时间 t_{on} 过长时，如图 3-5（a）所示，从 t_2 时刻开始，桥式极性变换电路会出现如图 3-6 所示的 VT$_1$～VT$_4$ 全部完全开通的情况，此刻各电流之间的关系如下：

$$\begin{cases} I_{T1} + I_{T2} = I_{T3} + I_{T4} = I_L \\ I_{T1} - I_{T3} = I_{T4} - I_{T2} = I_a \end{cases} \quad (3\text{-}1)$$

由于直通时间一般为几个 μs，电源侧恒流反馈环节来不及进行调整，故电源侧输出电流 I_L 会有所增加，导致电弧电流 I_a 在下降之前也相应增加（电弧电流 I_a 增加阶段持续时间较短在图 3-5 中均忽略不计），此后焊接回路电感 L。储能迅速

通过 VT_4 释放,电弧电流 I_a 在直通阶段还未结束便迅速衰减至零;由于开关管的钳位作用,使得图 3-6 所示等效电路中 A、B 两点等电位,虽然 VT_2/VT_3 已经完全开通,但无法获得反向电弧电流,因此电弧电流 I_a 在图 3-5(a)所示 t_{del} 阶段均为零,会增加电弧再引燃难度。此外,共同导通时间过长,也会增加开关管的功率消耗。

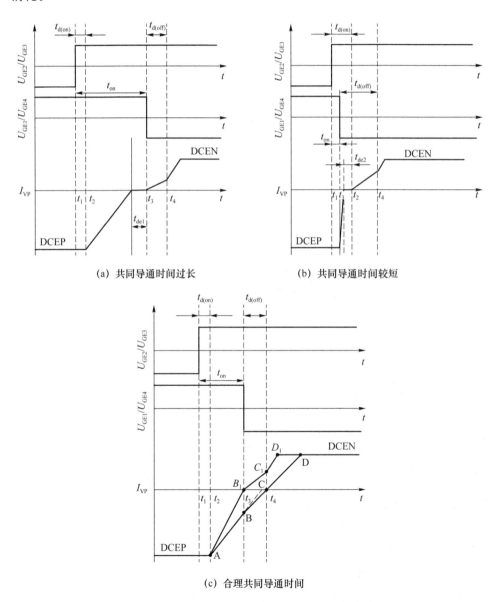

(a) 共同导通时间过长　　　　(b) 共同导通时间较短

(c) 合理共同导通时间

图 3-5　共同导通时间对电流极性切换的影响

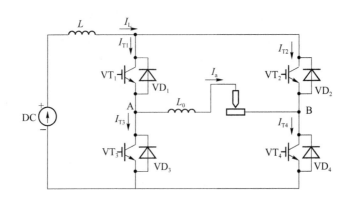

图 3-6 DCEP 阶段直通状态下电流波形示意

（2）当共同导通时间 t_{on} 较短（$t_{on} < t_{d(on)}$）时，如图 3-5(b)所示，在直通阶段结束的 t_3 时刻，电弧电流 I_a 衰减不多，此时 VT$_2$/VT$_3$ 尚未完全开通便进入图示的 VT$_1$/VT$_4$ 预关断阶段 $t_{d(off)}$，焊接回路电感 L_0 储能只能通过 VT$_2$/VT$_3$ 两端反并联的二极管 VD$_2$/VD$_3$ 向辅助吸收回路释放，电弧电流迅速衰减至零。由于此时 VT$_2$/VT$_3$ 尚未完全开通，无法迅速建立起反向电流，因此电弧电流 I_a 在图 3-5(b)所示 t_{de2} 阶段均为零。由此可见，较短的共同导通时间，也会导致电弧电流 I_a 为零的死区时间的出现，严重降低电流极性变化速率。

（3）采用临界共同导通策略可以实现 IGBT 器件的"瞬时切换"。如图 3-5(c)所示，较为理想的共同导通时间，应该在 VT$_2$/VT$_3$ 已经完全导通且 VT$_1$/VT$_4$ 刚好完全关断的 t_4 时刻使焊接回路电感 L_0 储能释放完毕，电源侧电流 I_L 从 t_4 时刻起便可通过 VT$_2$/VT$_3$ 再引燃电弧，完成电弧电流从 DCEP 阶段向 DCEN 阶段的快速转换，该阶段电弧电流 I_a 极性变化过程如图 3-5(c)中 A-B-C-D 所示。在保证 IGBT 器件安全工作的前提下，也可在此基础上适当增加共同导通时间，使得焊接回路电感 L_0 储能在直通阶段结束时刚好释放完毕，进入 VT$_1$/VT$_4$ 预关断阶段后，也可马上建立起 DCEN 电弧电流，在该状态下电流极性变换过程如图 3-5(c)中 A-B$_1$-C$_1$-D$_1$ 所示。由上述分析可知，采用临界共同导通策略，可以保证焊接回路电感 L_0 储能在如图 3-5(c)所示的 $t_3 \sim t_4$ 阶段释放完毕，使得电源系统在 VT$_1$/VT$_4$ 完全关断后立刻通过 VT$_2$/VT$_3$ 建立反方向 DCEN 电流，实现电流极性的快速转换以及极性转换后电流的快速上升。

图 3-7 为共同导通时间约为 2 μs 时用 TPS2014 数字式示波器和 CHB-300SF 霍尔电流传感器测量所获得的 DCEP 期间电流极性变换时焊接输出回路实际的电流波形，其中曲线 1 和曲线 2 分别为两个桥臂 VT$_1$/VT$_4$、VT$_2$/VT$_3$ 的实际驱动脉

冲,曲线 3 为实际电弧电流波形。由电弧电流的变化曲线可以明显看出(考虑传感器的响应时间以及 IGBT 的开通延迟时间,电弧电流的变化滞后曲线 1 所示 VT_1/VT_4 的驱动脉冲约 2.5 μs),电弧电流从 -90 A 衰减至 0 A 用时约 1.8 μs,实现了电弧电流极性的快速变换,且无熄弧现象产生。

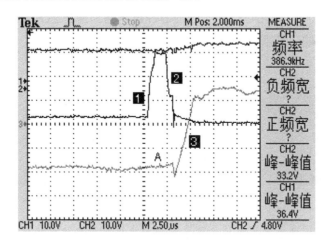

图 3-7　DCEP 阶段电流极性变换过程中电弧电流波形(曲线 3:50 A/div)

3.1.2　正反向脉冲峰值电流切换电路波形变换和控制

1. 正反向脉冲峰值电流切换电路拓扑结构

实现超音频脉冲方波大电流输出的关键是稳定可靠地完成对超音频脉冲电流上升沿和下降沿的快速变换。采用常规的拓扑结构时,脉冲电流输出容易受到主电路中传输回路电感等因素的制约,而导致脉冲电流波形发生严重畸变。为了在变极性电流正、负极性持续期间实现具有快速电流上升沿和下降沿变化速率($di/dt \geqslant 50$ A/μs)的超音频直流脉冲方波大电流输出,采用的正、反向脉冲峰值电流切换电路拓扑结构分别如图 3-8 和图 3-9 所示。由于正反向脉冲峰值电流切换电路所采用的拓扑结构完全相同,以正向脉冲峰值切换电路为例介绍其原理,由图 3-8 可以看出,该电路主要由功率开关管 VT_5 和 VT_6,功率二极管 VD_5、VD_6 和 VD_{P+} 以及相应的并联辅助吸收保护电路组成。前级直流电源经输出滤波电感 L_2 提供恒定直流电流 I_{II},通过控制 VT_5 和 VT_6 的交替开通和关断,即可在电路输出端获得具有快速电流上升沿和下降沿变化速率的超音频直流脉冲方波电流 I_{P+}。在该切换电路中,VT_5 和 VT_6 均使用 IGBT 模块;VD_5 和 VD_6 分别为 IGBT 模块内部的反并联功率二极管,VD_{P+} 选用快恢复二极管。由控制系统产生的数字 PWM 逻辑信号经光电隔离电路后送入驱动模块电路,分别控制 VT_5 和 VT_6 的开通和关断。功率开关管 VT_5 和 VT_6 两端分别并联一套辅助吸收保护电路,用于吸收两只功率开关管在高频工作条件下快速关断瞬间产生的尖峰电压,保证电路工作的可靠和安全。采用该拓扑实现的脉冲电流输出幅值达百安培以上,可完全满足实际电弧焊接工艺研究的需要。

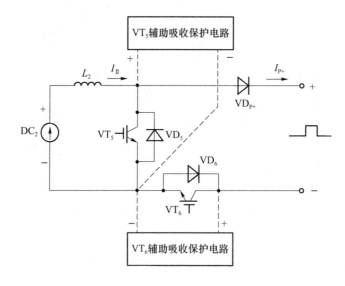

图 3-8　高频直流脉冲主电路拓扑-正向峰值切换主电路结构示意图

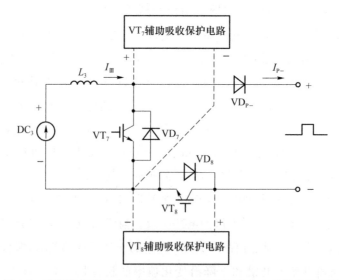

图 3-9　高频直流脉冲主电路拓扑-反向峰值切换主电路结构示意图

2. 峰值电流切换电路控制策略

以实现变极性方波电流的正极性脉冲调制（PPM 调制模式）为例，说明峰值电流切换电路控制策略。在该调制模式下，要求按照如图 3-10 所示的 PWM 驱动控制信号时序控制正、反向脉冲峰值切换电路和极性变换电路协同工作，具体控制方式如下。

（1）反向峰值电流在变极性输出正极性期间（DCEN）为零输出，在负极性期间（DCEP）产生输出但不进行脉冲调制。故对于反向峰值切换主电路，在 DCEN 阶段要求 PWM 控制信号 P_7 恒为高电平使开关管 VT_7 开通，而 PWM 控制信号 P_8 恒为低电平使开关管 VT_8 关断，反向峰值切换电路为零输出；在 DCEP 阶段各控制信号则与 DCEN 阶段相反，反向峰值切换电路产生恒定直流 I_{III} 输出。

（2）正向峰值电流在变极性方波电流输出负极性期间（DCEP）不参与调制且为零输出，故对于正向峰值切换主电路，在如图 3-10 所示的 $t_2 \sim t_3$ 等阶段，要求 PWM 控制信号 P_5 恒为高电平使开关管 VT_5 开通，而 PWM 控制信号 P_6 恒为低电平使开关管 VT_6 关断，保证正向峰值切换电路在变极性 DCEP 阶段输出电流 I_{P+} 为零。

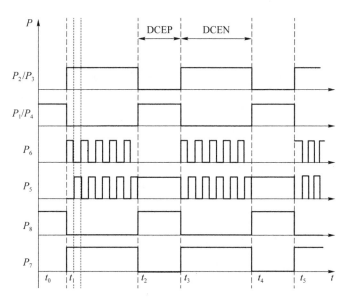

图 3-10 PPM 调制模式下开关管控制信号示意图

（3）正向峰值电流在变极性方波电流输出正极性期间（DCEN）进行斩波控制，故对于正向峰值切换主电路，在如图 3-10 所示的 $t_3 \sim t_4$ 等阶段，要求 PWM 控制信号 P_5/P_6 为互补高频脉冲 PWM 输出，从而控制开关管 VT_5 和 VT_6 以一定频率交替导通和关断,在该切换电路输出端得到将恒定直流输出 I_{II} 斩波以后的脉冲直流 I_{P+} 。

　　为提高所得脉冲电流上升沿和下降沿变化率,在变极性输出电流正极性 DCEN 阶段,采用如图 3-11 所示的功率开关管控制信号,使两路互补高频 PWM 控制信号 P_6/P_5 具有一定的重叠时间 t_{on1} ,基于该控制方式所给 PWM 驱动控制信号实现脉冲电流上升沿和下降沿快速变化的过程如图 3-12 所示,其中 U_{GE6} 和 U_{GE5} 分别为 PWM 控制信号 P_6/P_5 经 2SD315 驱动模块进行功率放大后提供给正向峰值切换主电路 VT_6 和 VT_5 的驱动信号,$t_{d(on)}$ 和 $t_{d(off)}$ 分别表示 IGBT 器件的开通延迟和关断延迟时间。下面首先分析共同导通时间对脉冲上升沿变化过程的影响。

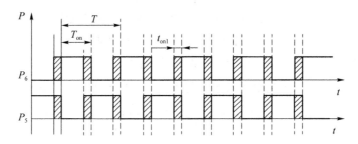

图 3-11　DCEN 阶段功率开关管控制信号

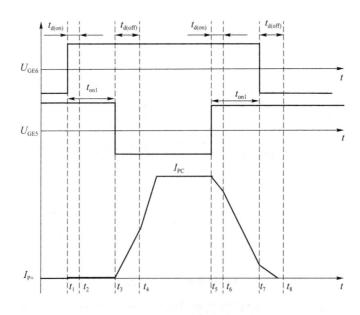

图 3-12　DCEN 阶段脉冲电流形成过程

　　(1) 在图 3-12 所示 t_1 时刻之前,PWM 驱动信号 U_{GE6} 和 U_{GE5} 已经使 VT_5 完全

开通而 VT_6 处于关断状态,电源提供的恒定电流输出 I_{II} 经电感 L_2 和 VT_5 构成闭合回路,电路输出端无电流输出,如图 3-13(a)所示(L_0 为电弧回路等效电感,R_a 为电弧等效电阻)。为了保证关断 VT_5 时 VT_6 处于完全开通状态,在关断 VT_5 之前的 t_1 时刻将 VT_6 提前开通,由于开通存在一定的延迟时间,在开通延迟阶段($t_1 \sim t_2$),恒定电流输出 I_{II} 仍然由电感 L_2 和 VT_5 构成闭合回路,而电路输出端负载上的得到的脉冲电流幅值仍几乎为零,如图 3-13(b)所示。

(2)在 t_2 时刻以后 VT_6 完全开通,在图 3-12 所示 $t_2 \sim t_3$ 期间 VT_5 和 VT_6 处于共同开通状态,但恒定电流输出 I_{II} 仍然主要由电感 L_2 和 VT_5 构成闭合回路,而电路输出端负载上得到的脉冲电流幅值仍几乎为零。

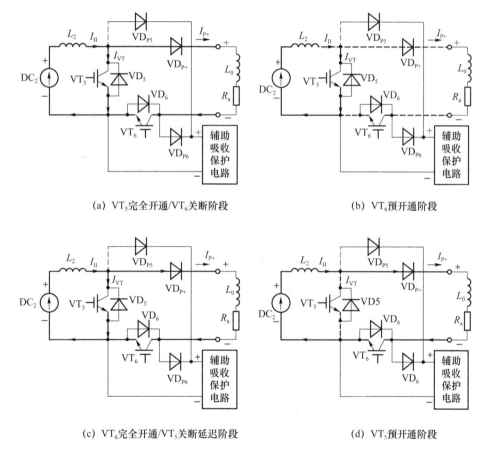

(a) VT_5完全开通/VT_6关断阶段

(b) VT_6预开通阶段

(c) VT_6完全开通/VT_5关断延迟阶段

(d) VT_5预开通阶段

图 3-13 单周期高频脉冲切换主电路工作模态

(3)从 t_3 时刻开始,VT_5 开始关断,在关断延迟阶段($t_3 \sim t_4$),由于 VT_6 已经处于完全开通状态,电源提供的部分恒定电流输出 I_{II} 经电感 L_2、快恢复功率二极

管 VD_{P+} 和负载形成闭合回路,流过负载上的脉冲电流幅值也将由零快速上升,工作状态如图 3-13(c)所示。在 t_4 时刻 VT_5 完全关断以后,负载脉冲电流幅值进一步快速上升至等于恒流源的输出电流,形成了超音频直流脉冲方波电流的快速电流上升沿。在 VT_5 快速关断期间产生的尖峰电压全部由辅助吸收保护电路有效吸收,可保证功率开关管工作的安全可靠。

由脉冲上升沿的形成过程来看,共同导通时间无须太长,只要在关断 VT_5 时使 VT_6 处于完全导通状态,即可提高脉冲电流上升沿变化速率。下面分析共同导通时间对脉冲下降沿的形成过程的影响。

(1) 为了获得具备快速电流下降沿的超音频脉冲输出,在图 3-12 所示关断 VT_6 之前的 t_5 时刻将 VT_5 提前开通,在 VT_5 开通延迟阶段($t_5 \sim t_6$),电弧电流降低,但由于 VT_5 并未完全开通,且受焊接回路输出电感 L_0 影响,电流降低速率并不高,该阶段工作状态如图 3-13(d)所示。

(2) 在 t_6 时刻以后 VT_5 完全开通,在图 3-12 所示 VT_5 和 VT_6 均完全开通的共同导通阶段($t_6 \sim t_7$),由于 VT_5 的分流作用,电弧上所得到的脉冲电流迅速降低。

(3) 在 t_7 时刻以后 VT_6 开始关断,在图 3-12 所示 $t_7 \sim t_8$ 关断延迟期间,焊接回路电感 L_0 储能释放完毕,电弧上所得脉冲电流幅值降为 0,形成超音频直流脉冲方波电流的快速电流下降沿。

由脉冲电流下降沿的形成过程来看,脉冲电流的快速下降主要是在 VT_5 和 VT_6 均完全开通的共同导通期间完成,因此合适的共同导通时间有利于获得快速的脉冲电流下降沿变化率。此外,一定时间的共同导通,使得 VT_6 在相对较小电流状态下开始关断,降低了关断期间产生的尖峰电压,也提高了功率开关管工作的可靠性。

综合脉冲电流上升沿和下降沿的形成过程来看,在无法分别对上升沿和下降沿共同导通时间单独进行设置时,为获得较高的脉冲电流上升沿和下降沿变化率,应主要考虑共同导通时间对脉冲电流下降沿形成过程的影响,在确保 IGBT 器件安全工作的前提下,选择合理的共同导通时间,且应根据要求的脉冲电流幅值对其进行实时调整,在脉冲电流幅值较小时,相应缩短共同导通时间。

图 3-14 所示为脉冲电流幅值为 130 A、设定共同导通时间为 2 μs 时所获得的脉冲电流下降沿波形,曲线 1 和曲线 2 分别为 VT_5 和 VT_6 驱动信号波形,曲线 3 为相应的脉冲电流变化波形,从图中可以看出,脉冲电流幅值从 130 A 衰减至零仅用时约 2 μs,实现了脉冲电流下降沿的快速变化。

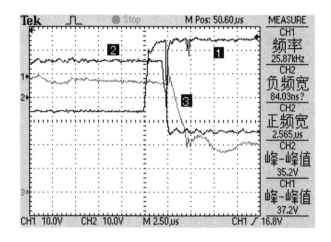

图 3-14 脉冲电流下降沿电流波形(曲线 3：50 A/div)

3.2 数字化 PWM 输出实现方案

根据 3.1 节中各级电路控制策略分析可以看出,在超音频脉冲方波变极性 TIG 焊接电源中,需要实现对前级正反向峰值切换电路和后级极性变换电路中功率开关管的同步精确控制,因此要求控制系统能产生多对稳定可靠的具有一定时序逻辑关系的 PWM 控制信号,且 PWM 信号频率和占空比的改变能对功率开关器件的开通以及关断时间进行调节和控制,从而实现具备超快变换特征的复合脉冲电流特征参数的有效调节。

DSP 控制芯片自 20 世纪 80 年代出现以来,以其稳定性、可重复性和柔性化编程等优点广泛应用于自动控制领域,如 TI 公司生产的 C2000 系列 TMS320LF2407 控制器,因其丰富的 PWM 功能,在焊接电源中应用十分普遍。如本书 1.3.2 小节所述,虽然 DSP 控制芯片具有丰富的 PWM 功能模块,可以很容易就实现一般的带死区功能的互补 PWM 输出,但是若是要实现前级正反向脉冲峰值切换电路所需要的呈复杂逻辑和时序关系的互补 PWM 输出,软件编程实现非常困难,需要在程序中频繁进入定时器中断改变 PWM 输出使其呈现所要求的复杂逻辑和时序关系,这也必然会导致程序在保证可靠产生 PWM 输出的同时无法及时完成其他实时性要求高的任务,使得 DSP 能完成的功能非常有限,并且无法进行功能扩展。

由于复杂可编程逻辑器件 CPLD 能实现在线可编程,并兼具可靠性高和通用性强的特点,利用 CPLD 器件来设计并产生 PWM 波形输出已成为众多研究者的优选方案。然而,该方案往往需要采用资源数较多的可编程逻辑器件,使得设计方案成本较高;另外,设计过程往往比较复杂,且不便于调整。

基于上述考虑,系统采用如图 3-15 所示的 DSP+CPLD 的数字化 PWM 实现方案。在该方案中,由 DSP 负责产生两对带死区功能的基准互补 PWM 输出,即变极性 PWM 输出和高频脉冲 PWM 输出,这两对 PWM 输出信号为 CPLD 提供 PWM 基准信号。CPLD 器件则根据 DSP 提供的几路 I/O 信号所代表的模式控制信号,按照一定的逻辑关系对基准变极性 PWM 信号和基准高频脉冲 PWM 信号进行组合,从而最终产生桥式极性变换电路所需要的变极性 PWM 输出控制信号和正反向脉冲峰值切换电路所需要的复合调制 PWM 控制信号。

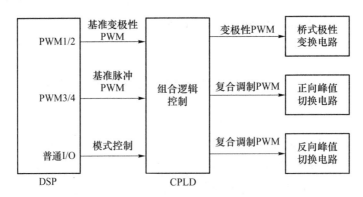

图 3-15　数字化 PWM 实现方案

3.3　数字化 PWM 输出的软件设计

数字化 PWM 输出的软件实现部分包含 DSP 部分的软件编程和 CPLD 部分的代码编写,下面从这两方面对软件实现进行详细介绍。

3.3.1　用 DSP 实现基准变极性 PWM 和基准脉冲 PWM 输出

如前所述,整个电源控制系统采用 DSP+MCU 的双处理器方案,其中 DSP 部分采用 Microchip 公司的 dsPIC30F6010A 控制芯片,该芯片属于电机控制和电源转换系列控制器,其电机控制 PWM 模块具有 4 个 PWM 发生器,且每个 PWM 发生器都有两个既可互补输出也可独立工作的输出引脚,输出引脚极性可在软件上由器件配置位设置,死区功能的实现可由硬件死区时间发生器完成。在实际应用中该电机控制 PWM 模块的局限性在于其 PWM 发生器虽然有 4 个,但是这 4 个 PWM 发生器频率均相同,无法独立设置成不一样的频率。而在本设计中要求的变极性 PWM 输出的频率范围为 0~1 kHz,而脉冲 PWM 输出频率范围则高达 100 kHz,两者频率并不一致,且要求能独立调节,因此无法用 4 个 PWM 发生器中的两个来实现所要求的变极性 PWM 输出和脉冲 PWM 输出。综合上述考虑,系统最终采用一个电机 PWM 发生器来实现变极性 PWM 输出,而脉冲 PWM 输出则由两路输出比较模块来完成。

1. 基准变极性 PWM 输出的软件实现

如前所述,变极性 PWM 输出由电机 PWM 模块中的 1 个 PWM 发生器(实际采用 PWM1H 和 PWM1L)来实现。由于 dsPIC30F 系列控制器有着比较灵活的 PWM 模块,只需在软件上对相应寄存器进行设置,即可产生要求的变极性 PWM 输出。

软件初始化过程中须将 PWM1H 和 PWM1L 引脚通过 PWMCON1 寄存器设置成互补输出模式,且将引脚使能为 PWM 输出。为了产生具有共同导通时间的互补 PWM 输出,还须在 FBORPOR 寄存器中对器件配置位进行设置,将 PWM1H 和 PWM1L 引脚输出配制成低电平有效。PWM 模块的时钟基准由可通过 PTMR 寄存器访问且带有预分频器和后分频器的 15 位定时器提供,PTPER 寄存器则为 PWM 时基提供计数周期,其取值决定了所产生的 PWM 脉冲的脉冲频率。dsPIC30F 系列控制器的 PWM 时基可配置成 4 种模式:连续 UP/DOWN 计数模式、带双更新中断的连续 UP/DOWN 计数模式、单事件运行模式以及自由运行模式。在本设计中通过设定 PTCON 寄存器中的 PTMOD<1:0>控制位使 PWM 时基工作于自由运行模式,即可产生边沿对齐的 PWM 脉冲。只要将 PWM 时基定时器使能(设定 PTCON 寄存器中 PTEN 控制位为 1),PWM 时基在自由运行模式下将始终向上计数,在向上计数过程中,当计数值(PTMR 寄存器数值)与 PDC1 寄存器数值匹配时,相应的 PWM1H 和 PWM1L 引脚被驱动为无效状态;当计数值与 PTPER 寄存器值匹配后,PTMR 寄存器会在下一个输入时钟边沿复位,且 PWM 引脚重新被驱动为有效状态。产生一定占空比的 PWM 脉冲示意图如图 3-16 所示,从图中可以看出,PWM 占空比由 PDC1 寄存器和 PTPER 寄存器的比值所决定,而产生的 PWM 脉冲的频率与 PETER 寄存器取值的关系如式(3-2)所示:

$$PTPER = \frac{f_{CY}}{f_{PWM} \times (PTMR \text{ 预分频比})} - 1 \qquad (3\text{-}2)$$

其中，f_{CY} 为系统所采用的晶振频率经四分频以后得到的内部指令周期时钟，f_{PWM} 表示设定的 PWM 脉冲频率。

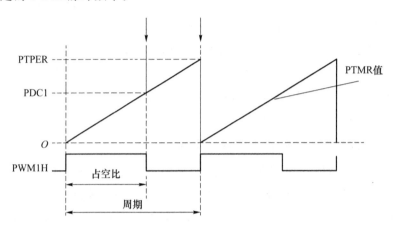

图 3-16　边沿对齐的 PWM 产生示意图

2. 基准脉冲 PWM 输出的软件实现

如前所述，虽然不能利用现有剩余的 3 个 PWM 发生器中的一个来产生基准脉冲输出，但是得益于 dsPIC30F 系列控制器具有功能丰富且配置灵活的输出比较模块，基准脉冲 PWM 输出也可由两路输出比较模块实现。dsPIC30F 系列控制器可有至多 8 个输出比较通道，以符号 OC_X 表示，设计中采用 OC_4 和 OC_8 两个输出比较模块通过软件编程处理来产生具有一定共同导通时间的互补脉冲 PWM 输出，下面详细介绍其软件实现方法。

首先介绍在 OC_4 引脚上产生单个脉冲 PWM 输出的方法。控制器 OC 模块具有将所选时钟基准与多个比较寄存器（取决于工作模式设定状态）比较的功能，当发生比较匹配事件时能输出相应的脉冲。为使 OC_4 引脚产生满足给定频率和占空比的脉冲 PWM 输出，系统初始化时，在 OC4CON 控制寄存器中将 OC_4 引脚设置成脉宽调制输出模式，并选择定时器 2 作为 OC_4 输出比较模块的时钟基准。在该状态设置下，由定时器 2 对应的周期寄存器 PR_2 的取值决定产生的 PWM 脉冲的频率，脉冲频率与 PR_2 取值关系如式（3-3）所示：

$$f_{PWM} = \frac{f_{CY}}{(PR_2 + 1) \times TMR_2 \text{ 预分频比}} \qquad (3\text{-}3)$$

其中，f_{CY} 为系统所采用的晶振频率经四分频以后得到的内部指令周期时钟，f_{PWM} 表示设定的 PWM 脉冲频率。

脉冲占空比则由输出比较通道的 OC4R 数据寄存器的取值决定,OC4R 寄存器是只读从动占空比寄存器,而 OC4RS 是可由用户写入的缓冲寄存器,用以更新 PWM 占空比。当需要修改占空比时,用户直接操作 OC4RS 数据寄存器,系统在下一个 PWM 周期开始时,自动将新的占空比取值由 OC4RS 写入 OC4R 寄存器。

产生 PWM 脉冲的原理如图 3-17 所示,在 t_1 时刻,新的占空比值由 OC4RS 寄存器装入 OC4R 寄存器且定时器清零;在定时器计数值与 OC4R 寄存器值相等的 t_2 时刻,OC_4 引脚被驱动为低电平;在 t_3 时刻,定时器计数值与周期寄存器值相匹配,定时器溢出,重新开始计数,OC_4 引脚驱动为高电平,OC4RS 寄存器值被装入 OC4R。

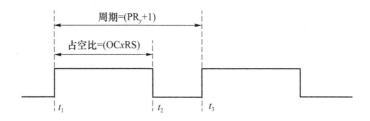

图 3-17 由 OC 模块产生 PWM 脉冲原理

在 OC_4 引脚上产生如图 3-18 所示的 PWM 脉冲以后,需要通过软件编程处理在 OC_8 引脚上产生与 OC_4 互补且具有一定共同导通时间 t_{on} 的 PWM 脉冲输出。具体做法如下。

(1) 设定好 OC_8 引脚工作模式,使其工作于脉宽调制输出模式,并选定定时器 3 作为时钟基准,此时 OC_8 产生的 PWM 脉冲周期由定时器 3 的周期寄存器 PR_3 决定,须将 PR_3 取值设定为与 PR_2 相等,保证 OC_4 和 OC_8 产生相同频率的 PWM 输出。

(2) 设定 OC8RS 寄存器取值。将 OC8RS 取值设定为(PR_2-OC4RS),使其脉宽与 OC_4 上低电平输出时间相等,此时产生的 PWM 输出如图 3-18 中 OC8(1) 所示。

(3) 计算共同导通时间 t_{on} 所对应的定时器寄存器取值。本设计中系统晶振频率为 20 MHz,经四分频后产生的内部指令周期时钟 f_{CY} 为 5 MHz,即一个指令周期对应 0.2 μs,在定时器 3 预分频比设定为 1:1 条件下,定时器 3 计数值递加一次代表的时间即为 0.2 μs。根据设计需要,若共同导通时间 t_{on} 取 2 μs,则对应的计数值应为 10。

(4) 根据步骤(3)的计算结果,将 OC8RS 的取值在原有基础上增加两倍共同导通时间所对应的定时器计数值。此时产生的 PWM 输出如图 3-18 中 OC8(2) 所示。

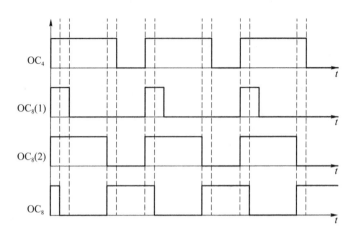

图 3-18　由 OC 模块产生具有共同导通时间的互补 PWM 脉冲输出

（5）使能 OC$_4$ 和 OC$_8$ 引脚上 PWM 输出,并同时开启定时器 2 和定时器 3。该处要注意的是,开启定时器 2 时,将 TMR$_2$ 计数初值取为 0 即可;但开启定时器 3 时,将 TMR$_3$ 计数初值设定为距离 OC8RS 取值仅仅相隔一个共同导通时间所对应的计数值即可。此时即可产生图 3-18 中 OC$_8$ 所示的与 OC$_4$ 呈互补关系且具有共同导通时间 t_{on} 的 PWM 输出。

综上所述,基准变极性 PWM 输出采用 DSP 的电机控制 PWM 模块中的一个 PWM 发生器实现;基准脉冲 PWM 输出则由两路输出比较模块 OC 通过软件编程处理得到。实际工作过程中,系统上电以后 DSP 程序部分经简单的初始化处理,便可自动产生设定频率和占空比的基准变极性 PWM 输出和基准脉冲 PWM 输出,除非用户通过人机交互界面改变了给定的 PWM 频率或占空比,此后 DSP 部分程序便无须对 PWM 输出进行软件干预,极大地简化了 DSP 部分软件编程任务。

3.3.2　用 CPLD 实现变极性 PWM 和复合调制 PWM 输出

在实际工作过程中,由于需要焊接的金属材料不同会要求焊接电源处于不同的工作模式;即便是对于同一种金属材料的焊接,也会因为焊接过程的进行,要求焊机根据工艺的需要产生不同的焊接电流输出。故最终加在桥式变换电路和正反向脉冲峰值切换电路功率开关管上的控制信号,是根据焊接工艺的需要呈复杂时序和逻辑关系的 PWM 输出。不管焊机处于什么样的工作模式,DSP 部分仅仅提供基准变极性 PWM 输出和基准脉冲 PWM 输出,呈复杂时序和逻辑关系的 PWM 输出由 CPLD 器件根据要求的工作模式进行逻辑判断后产生。

在本设计中,利用 DSP 器件的 3 路数字 I/O 构成的控制信号 CTR 来代表 8 种不同的焊接工作模式,其二进制取值范围为 000～111,其代表的焊接工作模式划分如表 3-1 所示。例如:001 代表正向脉冲调制模式 PP;010 代表负向脉冲调制模式 NP 等。

表 3-1　焊接工作模式划分

序号	CTR 取值	工作模式	序号	CTR 取值	工作模式
1	000	输出封锁	5	100	普通变极性
2	001	正向脉冲调制	6	101	脉冲直流
3	010	负向脉冲调制	7	110	普通直流
4	011	双向脉冲调制	8	111	未定义

在 CPLD 部分软件代码中,需要判断当前焊机所处的工作模式,然后产生要求的复合脉冲调制 PWM 输出以及变极性 PWM 输出。例如,要实现正向脉冲调制,编写的 CPLD 部分代码如下:

```
……
CASECTR IS                      --判断控制信号
…….
WHEN "001" =>                   --若是 001,则代表正向脉冲调制
    PWM1_4 <= PWMP1;            --直接将基准变极性出赋给 PWM
    PWM2_3 <= PWMP2;
PWM7 <= PWMP2;                  --DCEP 期间产生恒定反向峰值电流输出
PWM8 <= PWMP1;
    IF(PWMP1 ='1')then
        PWM5 <= PWMH1;          --在正极性期间产生脉冲电流输出
        PWM6 <= PWMH2;
    ELSE
        PWM5 <='1';             --在负极性期间封锁脉冲电流输出
    PWM6 <='0';
END IF;
```

图 3-19(a)和(b)分别为正向脉冲调制 PP 模式和负向脉冲调制 NP 模式下,利用 Quartus II 仿真软件得到的仿真结果。

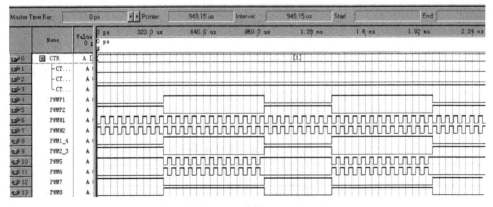

(a) 正向脉冲调制模式下(PPM)脉冲输出

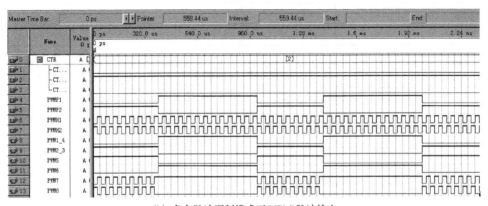

(b) 负向脉冲调制模式下(NPM)脉冲输出

图 3-19　不同工作模式下产生的复合调制脉冲 PWM 输出

图 3-19 中 CTR 为模式控制信号,PWMP1 和 PWMP2 为 CPLD 接收的基准变极性信号(仿真时取 1 000 Hz),PWMH1 和 PWMH2 为 CPLD 接收的基准脉冲信号(仿真时取 20 kHz),而 CPLD 产生的输出信号 PWM1_4 和 PWM2_3 分别用于控制桥式极性变换电路中的 VT_1、VT_4 和 VT_2、VT_3;输出信号 PWM5 和 PWM6 用于控制正向峰值切换电路中的开关管 VT_5 和 VT_6,输出信号 PWM7 和 PWM8 则用于控制反向峰值切换电路中的开关管 VT_7 和 VT_8。

3.4　快速变换复合超音频脉冲变极性方波电流的实现

采用上述 PWM 生成方案,基于快速变换复合电源变换拓扑,由控制系统输出三对具有一定时序逻辑关系的数字 PWM 序列,经外部 2SD315 驱动电路后,分别用于控制正、负极性高频脉冲切换电路以及后级全桥式电流极性变换电路中功率开关管的导通状态,即可获得过零无死区且具有快速电流沿变化速率的复合超音频脉冲变极性方波电流输出。改变 DSP 传递给 CPLD 的模式控制信号 CTR,也很容易实现超音频脉冲方波直流输出以及其他 TIG 焊接工艺对应的电流输出。

3.4.1 超音频脉冲方波变极性电流的实现

由控制系统产生的 PWM 控制信号(PPM 模式)如图 3-20 所示,全桥式电流极性变换电路中 VT_2 和 VT_3 的导通状态由曲线 1 所示 PWM 信号控制;正反向脉冲切换电路中 VT_5 和 VT_7 的导通状态则分别由曲线 2 和曲线 3 所示 PWM 信号控制。

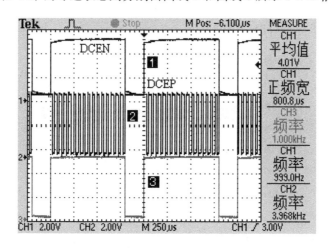

图 3-20　PPM 模式数字 PWM 逻辑控制信号

在正极性电流(DCEN)持续期间,正向脉冲切换电路中 VT_5 和 VT_6 交替导通,在其输出端可获得超音频直流脉冲电流 I_{p+},反向脉冲切换电路中则由于 VT_7 开通而 VT_8 关断不产生电流输出;在负极性电流(DCEP)持续期间,正向脉冲切换电路中由于 VT_5 开通而 VT_6 关断不产生电流输出,反向脉冲切换电路则由于 VT_7 关断而 VT_8 开通使电路输出端电流为 I_{p-}。在对前级恒流源输出基值电流以及正反向脉冲切换电路电流输出并联叠加后,经后级桥式电路进行极性变换后即可实现 PPM 模式复合超音频脉冲方波变极性电流输出,且各电流幅值均可通过控制系统实现精确控制和独立调节。

在输出回路采用普通电缆且以 5A06-O 铝合金 TIG 电弧作为负载条件下,在电路输出端获得的不同参数下 PPM 模式的复合超音频脉冲方波变极性 TIG 电流波形如图 3-21 和图 3-22 所示。

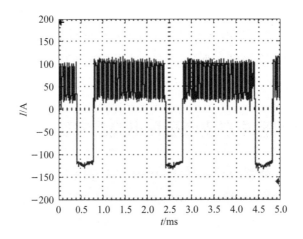

图 3-21　PPM 模式电流($f_L = 500$ Hz；$f_H = 20$ kHz；$\delta = 20\%$)

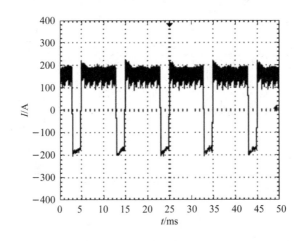

图 3-22　PPM 模式电流($f_L = 100$ Hz；$f_H = 30$ kHz；$\delta = 50\%$)

图 3-23(a)所示为图 3-21 中电流的上升沿变化波形,图 3-23(b)所示则为相应的下降沿变化波形。由图 3-23 可知,在未对输出回路传输电缆采取其他特殊措施条件下,仅用时约 4 μs 便可完成焊接电流从 −120 A 到 +100 A 的正负极性变换(电流上升沿和下降沿变化速率 $di/dt \geqslant 100$ A/μs),且实现了变极性电流无死区时间的过零转换。

在输出回路采用普通电缆且以 5A06-O 铝合金 TIG 电弧作为负载条件下,在电路输出端获得的 NPM 模式和 BDPM 的复合超音频脉冲方波变极性 TIG 电流分别如图 3-24(a)和(b)所示。

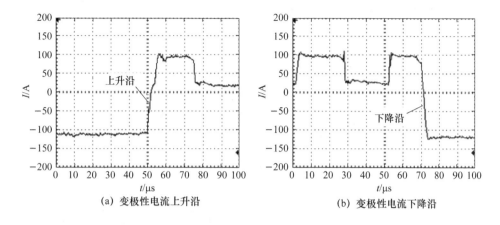

(a) 变极性电流上升沿　　　　　　　(b) 变极性电流下降沿

图 3-23　PPM 模式超音频脉冲方波变极性电流

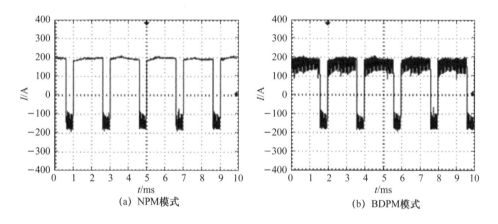

(a) NPM模式　　　　　　　　　　(b) BDPM模式

图 3-24　其他模式超音频脉冲方波变极性电流

根据以上实际测试结果可知,在输出回路采用普通电缆连接进行铝合金 TIG 焊接时,可获得正反向脉冲电流幅值达百安培以上的超音频脉冲方波变极性电流,且电流输出具有快速的电流上升沿和下降沿变化速率($\mathrm{d}i/\mathrm{d}t \geqslant 100\ \mathrm{A}/\mu\mathrm{s}$)。

3.4.2　超音频脉冲方波直流电流的实现

根据表 3-1 中约定的焊接模式,当 DSP 传递的焊接模式控制信号 CTR 为"101"时,CPLD 器件产生的 PWM 输出即可使电源产生超音频脉冲方波直流电流输出。输出回路采用普通电缆连接并以不锈钢 TIG 电弧作为负载,图 3-25(a)～(d)所示为利用霍尔电流传感器和数字示波器在输出回路中获得对应不同脉冲电流特征参数的实际超音频直流脉冲焊接电流波形输出（I_b 和 I_P 分别为 100 A 和 200 A）。

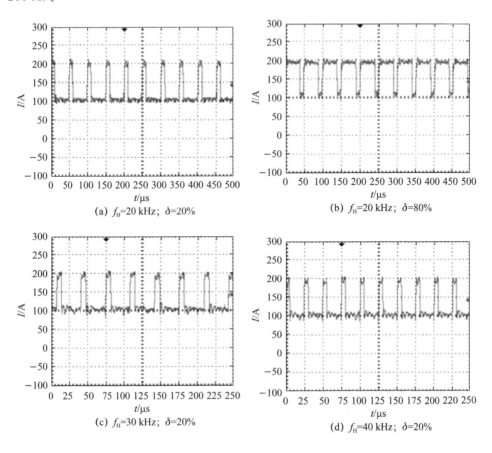

(a) f_H=20 kHz；δ=20%

(b) f_H=20 kHz；δ=80%

(c) f_H=30 kHz；δ=20%

(d) f_H=40 kHz；δ=20%

图 3-25　实际超音频直流脉冲电流（不锈钢 TIG 电弧负载）

在脉冲频率 f_H＝25 kHz、脉冲占空比 δ＝50% 条件下获得的超音频脉冲电流及其上升沿和下降沿波形分别如图 3-26(a) 和 (b) 所示，从图 3-26(b) 中可以明显看出，在基值电流 I_b＝110 A 和峰值电流 I_P＝210 A 条件下，脉冲电流仅用时约 1.5 μs 便完成了从基值电流到峰值电流的上升沿变换以及从峰值电流到基值电流的下降沿变换。

根据实际获得的超音频直流脉冲方波电流波形可以得出，基于所选用的正反向高频脉冲切换电路，采用数字化 PWM 控制方式，可实现脉冲电流幅值达百安培以上的超音频直流脉冲方波电流输出，且输出电流具有快速电流上升沿和下降沿变化速率（$di/dt \geqslant 100$ A/μs）；由 DSP 和 CPLD 构成的数字化 PWM 控制系统可实现对脉冲频率（0～80 kHz）和脉冲占空比（0～100%）的精确控制和独立调节，完全满足实际 TIG 电弧焊接工艺研究的需要。

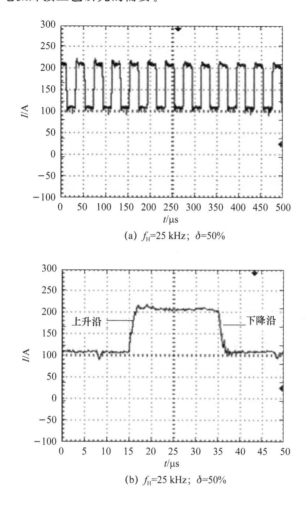

(a) f_H=25 kHz; δ=50%

(b) f_H=25 kHz; δ=50%

图 3-26 超音频直流脉冲电流及其上升沿和下降沿

本 章 小 结

（1）基于选用的正反向脉冲峰值切换电路拓扑和全桥极性变换电路拓扑，为产生具备快速电流极性变换和快速电流沿变化速率的复合超音频脉冲方波变极性电流输出，深入分析了各级电路的控制方式和电路之间的协同控制策略。

（2）对于桥式极性变换主电路，采用"共同导通"策略控制桥臂中两对 IGBT 的导通状态，通过对电流极性变化过程进行分析，提出了获得快速电流极性变化速率的共同导通时间确定原则;对于正反向脉冲峰值切换电路,分析了共同导通时间对脉冲电流上升沿和下降沿的影响,提出了根据脉冲下降沿形成过程确立共同导通时间,并结合要求的脉冲电流幅值对其进行实时调整从而获得快速脉冲电流沿变化速率的方案。

(3) 为产生多种调制模式的复合调制脉冲 PWM 输出,设计了由 DSP 和 CPLD 共同实现的数字化 PWM 控制方案,其中 CPLD 分担对脉冲进行调制的功能,而 DSP 部分仅需提供基准 PWM 输出,简化了 DSP 程序设计任务,使得系统具有可靠性高和可扩展性强的优点。

(4) 利用 DSP 器件现有的电机控制 PWM 模块,实现了具备共同导通时间的基准变极性 PWM 输出;同时利用该器件的两路输出比较 OC 模块,利用软件处理,获得了具备共同导通时间的互补基准脉冲 PWM 输出,且脉冲 PWM 输出与变极性 PWM 输出的频率和占空比均独立可调;利用 CPLD 器件灵活的组合逻辑功能,在基准变极性 PWM 输出和基准脉冲 PWM 输出的基础上,实现了各种工作模式下的复合调制脉冲 PWM 输出以及变极性 PWM 输出。

(5) 基于所选用的拓扑结构,采用 DSP+CPLD 数字化 PWM 控制方案,可获得过零无死区时间的复合超音频脉冲变极性方波电流输出,且输出电流具有快速电流上升沿和下降沿变化速率($di/dt \geqslant 100$ A/μs)。

第4章

半桥式逆变电路主变压器的磁分析

桥式结构逆变电路主变压器铁心工作在双向磁化的状态,在理想情况下每经过一个周期桥式结构逆变电路主变压器的磁通变化量为零。然而在实际中,器件参数差异、负载变化及输入直流电压的波动等因素使得主变压器一次侧的正负方波发生差异,从而使主变压器出现磁不平衡现象。针对半桥式逆变电路的磁通平衡与磁通不平衡过程建立动态模型,在此模型基础上,分析了电路参数、负载状况等对磁通平衡与磁通不平衡过程的影响,并设计针对性试验对部分理论分析结论进行了验证。针对桥式逆变电路的磁不平衡过程,设计了主变压器偏磁检测电路,并在此基础上根据偏磁饱和电流的特点提出了一种数字逻辑抑制偏磁措施。

4.1 半桥式逆变电路主变压器铁心的工作状态

4.1.1 半桥式逆变电路主变压器铁心的理想工作状态

在电力电子装置中,磁性元件由于其铁心的工作方式不同,铁心的工作状态也不同,一般分为三种:①第一种工作状态,铁心的双向磁化,推挽或桥式变换器的主变压器铁心工作在此状态;②第二种工作状态,铁心单向磁化过程中励磁磁场强度在 $0 \sim H_m$ 之间变化,传递单向脉冲的变压器工作在这种状态;③第三种工作状态,铁心单向磁化过程一般是一个较大的直流励磁分量 H_{dc} 基础上再叠加一个较小的交流励磁分量 ΔH,铁心的励磁磁场强度在 $H_{dc} \sim \Delta H/2$ 至 $H_{dc} + \Delta H/2$ 之间变化,直流滤波电感工作在这种状态。

半桥式逆变电路主变压器铁心工作在上述 3 种工作状态的第一种工作状态，铁心线圈的外加励磁电压(或电流)是一个交变量。

1. 主变压器铁心双向磁化理想工作状态

将半桥式逆变电路主变压器正半周或负半周时的工作状态简化为图 4-1 所示的双绕组变压器，原边匝数为 N_1。设变压器原边所加的励磁电压 u_1 及其铁心中相应磁通 Φ 的波形如图 4-2 所示，其正、负半周的波形、幅值及导通脉宽都相同，则变压器工作在理想状态。根据法拉弟电磁感应定律，在忽略线圈电阻、主开关管压降等因素的影响时，

$$u_1 = -e = N_1 \frac{\mathrm{d}\varphi}{\mathrm{d}t} \tag{4-1}$$

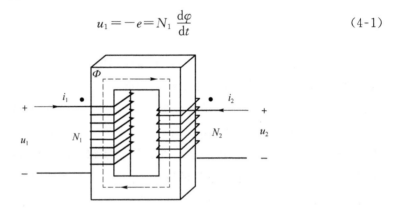

图 4-1　简化双绕组变压器模型

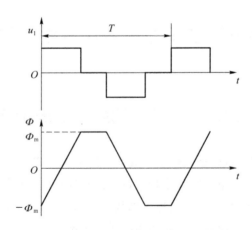

图 4-2　半桥式逆变电路铁心交变磁化时磁通 Φ 的波形

即 $u_1\mathrm{d}t = N_1\mathrm{d}\Phi = N_1 A_c \mathrm{d}B$，其中，$A_c$ 为变压器铁心截面积。在正半周期内积分得：

$$\int_0^{\frac{T}{2}} u_1 \, \mathrm{d}t = N_1 A_c \int_{B(0)}^{B\left(\frac{T}{2}\right)} \mathrm{d}B \tag{4-2}$$

$$\lambda_{1+} = N_1 A_c \Delta B_+ \tag{4-3}$$

式(4-3)中，λ_{1+} 表示正半周的伏·秒乘积，ΔB_+ 表示正半周期磁通密度 B 的变化量。同理，对于负半周期：

$$\lambda_{1-} = N_1 A_c \Delta B_- \tag{4-4}$$

式(4-4)中，λ_{1-} 表示负半周的伏·秒乘积，ΔB_- 表示负半周期磁通密度 B 的变化量。由于所述理想工作状态下正、负半周"伏·秒"数相同，则

$$\lambda_{1+} = |\lambda_{1-}| \tag{4-5}$$

所以，

$$\Delta B_+ = |\Delta B_-| \tag{4-6}$$

半桥式逆变电路主变压器铁心在图 4-2 所示理想交变励磁电压的作用下，铁心磁通 Φ（或磁通密度 B）在正半周期时从 $-\Phi_m$（或 $-B_m$）变化到 $+\Phi_m$（或 $+B_m$），在负半周期时从 $+\Phi_m$（或 $+B_m$）变化到 $-\Phi_m$（或 $-B_m$）。忽略铁心的磁滞效应和饱和效应的半桥式电路变压器理想 $B\text{-}H$ 特性曲线如图 4-3 所示，铁心磁化过程的上升段和下降段重合，即铁心磁场强度 H 减为零时，磁通密度也减小到零。

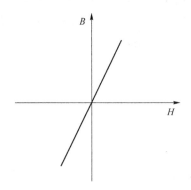

图 4-3　忽略磁滞效应和饱和效应的半桥式逆变电路变压器理想 $B\text{-}H$ 特性曲线

2. 半桥式逆变电路主变压器铁心实际磁平衡状态

图 4-4 为半桥式逆变变换器的典型结构示意图，其中电容 C_1、C_2 和开关管 Q_1、Q_2 组成桥，桥的对角线接变压器的原边绕组，L 为输出侧的续流电感。

图 4-4 所示半桥式逆变变换器在一个工作周期的正、负半周，Q_1 和 Q_2 交替通断。当 Q_1 开通而 Q_2 关断时，加在主变压器原边的电压为：

$$V_1(t) = E - V_{C2}(t) - V_{CES1}(t) - R_{ac1} i_1(t)$$

$$= V_{C1}(t) - V_{CES1}(t) - R_{ac1} i_1(t) \tag{4-7}$$

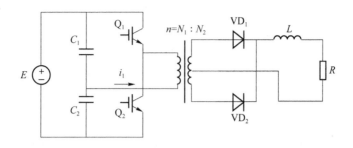

图 4-4 半桥式逆变变换器典型结构示意图

其中，V_{C1} 为电容 C_1 两端的电压，V_{CES1} 为开关管 Q_1 的饱和压降，R_{ac1} 为变压器原边线圈交流等效电阻，i_1 为原边电流。当 Q_2 开通而 Q_1 关断时，加在主变压器原边的电压为：

$$V_2(t) = E - V_{C1}(t) - V_{CES2}(t) - R_{ac1}i_1(t)$$
$$= V_{C2}(t) - V_{CES2}(t) - R_{ac1}i_1(t) \tag{4-8}$$

其中，V_{C2} 为电容 C_2 两端的电压，V_{CES2} 为开关管 Q_2 的饱和压降。

为分析方便，取开关管 Q_2 开通 Q_1 关断时加在主变压器原边绕组的脉冲为正向脉冲，此时原边绕组的电流方向为原边电流的正向；反之，开关管 Q_1 关断 Q_2 开通时加在主变压器原边绕组的脉冲为负向脉冲，此时原边绕组的电流方向为原边电流的负向。定义出现正向偏磁饱和电流的磁通方向为参考正向。

对于半桥式逆变电路，根据式（4-1）所示原边电压与工作磁通的关系，若主变压器正、负半周内施加的"伏·秒"数相等，即满足：

$$\int_0^{T/2} (V_{C1}(t) - V_{CES1}(t) - R_{ac1}i_1(t)) \mathrm{d}t = \int_{T/2}^{T} (V_{C2}(t) - V_{CES2}(t) - R_{ac1}i_1(t)) \mathrm{d}t$$

$$\tag{4-9}$$

时，主变压器铁心工作在磁平衡状态，即每经过一个周期，主变压器的磁通变化量为零。

所谓电路工作在磁通平衡（磁平衡）状态，如前所述，是指主变压器一次绕组上正、负半周内施加的"伏·秒"数相等。所谓理想磁通平衡状态，是指主变压器铁心不仅工作在磁平衡状态，而且铁心工作时磁滞回线的中心点在零点。

对于半桥式逆变电路，若主变压器正、负半周内施加的"伏·秒"数不相等，即

$$\int_0^{T/2} (V_{C1}(t) - V_{CES1}(t) - R_{ac1}i_1(t)) \mathrm{d}t \neq \int_{T/2}^{T} (V_{C2}(t) - V_{CES2}(t) - R_{ac1}i_1(t)) \mathrm{d}t$$

$$\tag{4-10}$$

时，主变压器工作在磁不平衡状态。

4.1.2 半桥式逆变电路影响磁通平衡的主要因素

在主变压器实际的工作过程中,若不采取额外措施,则正、负半周的磁通是很难达到平衡的。根据式(4-9),影响磁通平衡主要有如下几个方面。

1)开关管通态压降不等

半桥式逆变电路正、负半周的开关管的通态压降或多或少地存在差异。本书中的半桥式逆变主回路开关管采用IGBT,可以认为IGBT是将N沟道MOSFET作为输入级,PNP晶体管作为输出级的单向达林顿管。一方面,IGBT两端的电压降是两个器件的压降之和,即PN结的结压降和驱动功率MOSFET两端的压降之和。因此,IGBT通态压降不可能低于二极管的导通压降。另一方面,驱动功率MOSFET具有低压功率MOSFET的典型特性,它的电压降与栅极驱动电压有密切关系。若电流接近额定值,当栅极电压增加时,集电极—发射极之间的电压将下降。由于材料和生产工艺的限制,即使同一模块上的两只IGBT的导通特性也不可能完全一致。另外,由于温度对IGBT的通态压降也有影响,一方面同一模块上的两只IGBT的温度特性不可能完全相同,另一方面同一模块上的两只IGBT的工作温度环境也不完全相同。

2)正、负脉冲宽度不一致(开关管开关速度、驱动模块延迟或控制脉冲宽度不一致)

导致半桥式逆变主回路正、负脉冲宽度不一致的原因主要有三个方面:一是控制脉冲宽度不一致;二是开关管的开通、关断动态特性不一致;三是IGBT驱动模块延迟时间不同。

IGBT是将功率MOSFET和GTR集成在一个芯片上的复合器件。由于材料和生产工艺的限制,即使同一模块的两只IGBT上的MOSFET和GTR的特性也不可能完全一致,因此构成半桥的两只IGBT在开通关断过程中可能存在微小差异。另外,IGBT的开通和关断特性还与IGBT工作时的集电极电流和工作温度有关,集电极电流和工作温度的差异也可能导致两只IGBT开通和关断动态特性的不同。IGBT开通和关断动态特性差异既可使正、负半周加在半桥式逆变电路主变压器原边的时间产生差异,也可使正、负半周加在原边的电压产生微小差异。控制脉冲宽度不一致的产生原因是PWM的生成方式。

3)逆变电路输入直流电源电压波动

半桥式逆变电路一次侧直流输入一般采用三相全波二极管整流电路,三相全波二极管整流电路如图 4-5 所示。三相全波二极管整流电路输出电压的纹波频率是电源频率的 6 倍。为了能够瞬间提供稳定的功率和得到更稳定的直流电压,整流电路的输出侧都并联一个滤波电容。在实际应用中滤波电容虽对输出电压的波动有了较大改善,但仍不能保证半桥式逆变电路两个半周期施加在逆变电路一次侧的电压完全相等。

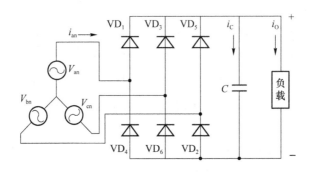

图 4-5　三相全波二极管整流电路示意图

4）次级整流二极管正向压降和变压器次级线圈等效电阻不等

正向压降是次级整流二极管的重要参数之一。与前述开关管的特性不能完全一致一样,次级整流二极管开通、关断的动态特性以及开通后的正向压降也不可能完全一致。

变压器次级线圈的等效电阻受次级线圈电缆长度等的影响。由于变压器生产工艺限制和主电路装配方式的影响,导致次级线圈电缆实际长度不一致,进而使变压器次级线圈等效电阻产生差异。

次级整流管正向压降和变压器次级线圈等效电阻不等使得正、负半周主变压器次级线圈压降产生差异,从而使得正、负半周主变压器原边电压产生差异。

综上所述,由开关管开关速度、驱动模块延迟不同或控制脉冲宽度不一致等可能引起加在主变压器原边的正、负半周脉宽不一致;开关管通态压降不等、次级整流二极管正向压降不等、变压器次级线圈等效电阻不等、逆变电路输入直流电源电压波动等可能引起加在变压器原边正、负半周电压不等。以上引起半桥式逆变电路加在主变压器原边正、负半周电压和时间不一致的因素却又在半桥式逆变电路的实际应用中不可避免地存在着。

4.1.3　半桥式电路主变压器的偏磁、磁不平衡状态及其产生过程

在半桥式逆变电路的实际应用中,不可避免地存在着如前所述的导致主变压

器原边正负半周电压和脉宽不一致的因素,此外又由于铁心剩磁及磁滞等因素的影响,使得半桥式逆变电路主变压器铁心基本不可能工作在理想磁平衡状态。半桥式逆变电路铁心可能的工作状态有:①阶梯式趋向磁平衡的状态;②单向偏磁的磁平衡状态;③阶梯式趋向饱和的磁不平衡状态。

1. 阶梯式趋向磁平衡的状态

受引起加在主变压器原边电压和时间不一致因素的影响,半桥式逆变电路在工作过程中可能会出现加到变压器原边绕组正向脉冲的"伏·秒"数大于或小于负向脉冲"伏·秒"数的情况。假定在一定时间内加到原边绕组正向脉冲的时间大于负向脉冲的时间(即一个周期内 Q_2 的开通时间大于 Q_1 的开通时间),则电容 C_2 的放电时间将比电容 C_1 的放电时间长。故 Q_2 导通时,加于变压器原边绕组两端的电压幅值,就会比 Q_1 导通时的要低,从而可能使加到变压器原边绕组两端的正、负脉冲的"伏·秒"数经过一段时间的不相等后再次维持相等。半桥式逆变电路的这种抗不平衡能力还是比较强的。假定在出现导通时间差异之前,半桥式逆变电路工作在理想磁平衡状态。出现正脉冲的导通时间大于负脉冲的导通时间之后,由于电容 C_2 的放电时间将比电容 C_1 的放电时间长,电容 C_1、C_2 中点电位逐渐升高,在此过程中半桥式逆变电路处于正脉冲"伏·秒"数大于负脉冲"伏·秒"数的磁不平衡状态。电容 C_1、C_2 中点电位升高到满足正、负脉冲"伏·秒"数相等时,半桥式逆变电路工作于正向偏磁的磁平衡状态。阶梯式趋向磁平衡过程的示意图如图 4-6 所示。

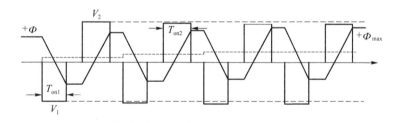

图 4-6　阶梯式趋向磁平衡的过程

2. 单向偏磁的磁平衡状态

理想磁平衡状态如图 4-7(a)所示,铁心磁通在一个周期内的变化量为 0,且正、负半周磁通变化的中心点为零点。在实际中,即使铁心工作过程中始终处于一个周期内磁通变化量为 0 的磁平衡状态,由于铁心剩磁处于如图 4-7(b)或图 4-7(c)所示的正向或负向偏磁的磁平衡状态,即磁通量变化的中心点向正向或负向偏移。由于半桥式逆变电路抗不平衡能力所引起的阶梯式趋向磁平衡的磁不平衡过程,也导致铁心即使一个周期内磁通量的变化量为 0,实际也处于如图 4-7(b)或图 4-7(c)所示的正向或负向偏磁的磁平衡状态。主变压器铁心处于正向或负向偏磁的磁平衡状态时,正向或负向偏磁程度不会继续增加,但也不会自动消除。

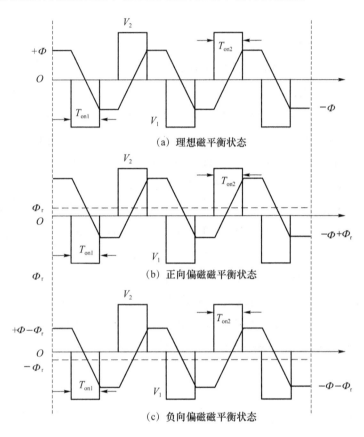

图 4-7　磁平衡状态示意图

3. 阶梯式趋向饱和的磁不平衡状态

如果在一个区间内所有加到原边绕组的正脉冲平均"伏·秒"数不等于负向脉冲平均"伏·秒"数,在多个循环中可能逐渐阶梯式趋向磁通饱和,也就是说阶梯式趋向饱和是一个偏磁累积的过程。在小负载稳定工作的情况下,铁心阶梯式趋向饱和的可能性较小;但在瞬变负载的情况下,主变压器铁心阶梯式趋向饱和的可能性相对较大。瞬变负载情况下,控制回路每一次的脉宽调制变化都将导致电容的充电时间和放电时间发生变化,使半桥式逆变电路进入磁不平衡和电容中点电位发生变化的状态,从而进入阶梯式趋向磁平衡或阶梯式趋向磁通饱和的状态。假设电源在相对小负载条件下稳定工作,由于长期工作,已临近饱和的边缘。如果负载突然增加,那么输出电流因为电感的抑制不能瞬时改变,导致输出电压立即降低。控制回路将驱动脉宽增加到最大值,主变压器在半个周期可能就会饱和。

4.1.4　半桥式电路主变压器的单向偏磁饱和电流

设半桥式逆变电路主变压器铁心平均磁路长度为 l_c,磁导率为 μ,铁心主磁通为 Φ。若铁心无气隙,根据磁路的欧姆定律和图 4-1 所示变压器正半周或负半周工作状态的简化模型有:

$$N_1 i_1 + N_2 i_2 = \phi \cdot R_m \tag{4-11}$$

$$R_m = \frac{l_c}{\mu \cdot A_c} \tag{4-12}$$

式(4-12)中,R_m 为变压器的铁心磁阻。变压器正半周或负半周工作状态的等效磁路模型如图 4-8 所示。

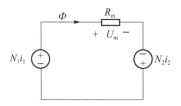

图 4-8　简化双绕组变压器的等效磁路模型

假设变压器为理想变压器,则铁心磁导率 μ 为无穷大,铁心磁阻 $R_m = 0$,于是式(4-12)变为:

$$N_1 i_1 + N_2 i_2 = 0 \tag{4-13}$$

对于实际的变压器来说,图 4-1 所示变压器铁心的磁导率 μ 不是无穷大,铁心磁阻 R_m 并不等于 0,励磁电感也不是无穷大而是一个有限值。考虑励磁电感的变压器电路模型如图 4-9 所示,是在理想变压器模型的基础上并联一个励磁电感 L_{mp},并由此产生了励磁电流 i_{mp}。

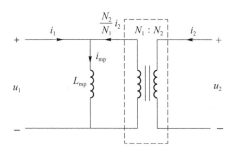

图 4-9　考虑励磁电感的变压器电路模型

考虑励磁电感的变压器电路模型可得：

$$N_1 i_1 + N_2 i_2 = \phi R_{\mathrm{m}}, \quad u_1 = N_1 \frac{\mathrm{d}\phi}{\mathrm{d}t}, \quad u_2 = N_2 \frac{\mathrm{d}\phi}{\mathrm{d}t} \tag{4-14}$$

$$u_1 = \frac{N_1^2}{R_{\mathrm{m}}} \frac{\mathrm{d}}{\mathrm{d}t} \left(i_1 + \frac{N_2}{N_1} i_2 \right) = L_{\mathrm{mp}} \frac{\mathrm{d}i_{\mathrm{mp}}}{\mathrm{d}t} \tag{4-15}$$

$$u_2 = \frac{N_1 N_2}{R_{\mathrm{m}}} \frac{\mathrm{d}}{\mathrm{d}t} \left(i_1 + \frac{N_2}{N_1} i_2 \right) = \frac{N_2}{N_1} L_{\mathrm{mp}} \frac{\mathrm{d}i_{\mathrm{mp}}}{\mathrm{d}t} \tag{4-16}$$

其中，

$$L_{\mathrm{mp}} = \frac{N_1^2}{R_{\mathrm{m}}} = \mu \frac{N_1^2 A_{\mathrm{c}}}{l_{\mathrm{c}}}, \quad i_{\mathrm{mp}} = i_1 + \frac{N_2}{N_1} i_2 \tag{4-17}$$

1. 励磁电流

由于励磁电感不为无穷大而导致的励磁电流使变压器的原、副边绕组电流之比不等于其匝数之比，即不满足式(4-13)而满足式(4-14)的第一式。励磁电流的物理意义是若变压器要正常工作，其铁心必须要磁化，而铁心的磁化需要一定的磁化电流，磁化电流又称为励磁电流。

由式(4-15)和式(4-17)综合可得：

$$\frac{\mathrm{d}i_{\mathrm{mp}}}{\mathrm{d}t} = \frac{u_1}{L_{\mathrm{mp}}} = \frac{u_1 l_{\mathrm{c}}}{\mu N_1^2 A_{\mathrm{c}}} \tag{4-18}$$

因变压器铁心磁性介质在不同励磁磁场下的磁导率不同，变压器铁心磁导率 μ 与励磁磁场 H 的关系曲线如图 4-10 所示。当初始励磁磁场为零时，励磁电流是从零开始的非线性增大的电流，其上升速率如式(4-18)所示。根据以上分析，可得励磁磁场从 0 增加到最大工作励磁磁场 H_{m} 时，励磁电流的示意图如图 4-13(a)所示。

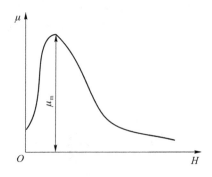

图 4-10　磁导率与磁场的关系曲线

2. 原边电流

为分析方便,将图 4-11(a)所示软磁材料 B-H 特性曲线近似为分段线性特性如图 4-11(b)所示,分段线性模型考虑了饱和效应但忽略了磁滞效应。

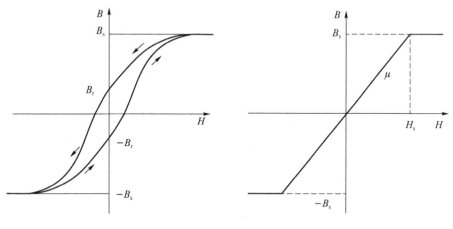

(a) 软磁材料磁滞回线　　　　　(b) 忽略磁滞效应的近似 B-H 特性曲线

图 4-11　软磁材料磁滞回线及近似 B-H 特性曲线

设饱和转折处的磁场强度为 H_s,则当 $|H| \leqslant H_s$ 时,磁导率 μ 是常数,当 $|H| \geqslant H_s$ 时,软磁材料饱和,磁导率很小,约等于 μ_0, $|B| \approx B_s$。考虑饱和效应但忽略磁滞效应的 B-H 特性可表示为:

$$B = \begin{cases} B_s, & H \geqslant H_s \\ \mu H, & |H| \leqslant H_s \\ -B_s, & H \leqslant -H_s \end{cases} \tag{4-19}$$

因此当铁心的工作磁密 $|B_m| \leqslant B_s$, $B = \mu H$ 时,有:

$$\phi = BA_c \tag{4-20}$$

将式(4-20)代入式(4-14)可得铁心未饱和时的原边电流:

$$i_1 = \frac{BA_c R_m}{N_1} - \frac{N_2}{N_1} i_2 \tag{4-21}$$

将式(4-12)代入式(4-21)可得:

$$i_1 \approx \frac{Bl_c}{\mu N_1} - \frac{N_2}{N_1} i_2 \tag{4-22}$$

半桥逆变电路主变压器原边电流由励磁电流 i_{mp} 和副边反射到原边的电流 $N_2 i_2 / N_1$ 两部分构成。假定主变压器副边电流输出稳定,图 4-13(b)所示为理想磁平衡状态下,正、负半周原边的电流的示意图,原边电流为励磁电流与副边反射到原边的电流之和。图 4-13(c)所示为副边电流输出稳定情况下,主变压器工作磁滞回线中心正方向偏离原点,正反向脉冲过程中磁工作状态不对称时,正、负半周原边电流的示意图。半桥式逆变电路主变压器正常工作时,励磁电流峰值比副边反射到原边的电流小得多,可接受的最大励磁电流不超过原边电流的 10%。

图 4-12 所示为图 4-4 所示的半桥式逆变电路在原边直流输入 E 为 435 V,负载电阻 R 为 0.164 Ω,直流输出 126 A 的实测波形。图 4-12 中 CH1 为图 4-4 中开关管 Q_1 的驱动波形,CH3 为图 4-4 中开关管 Q_2 的驱动波形,CH2 为原边电流经交流电流霍尔传感器后的波形。

图 4-12 所示为变压器铁心未饱和正常工作时的原边电流波形,从图 4-12 中可以看出半桥式逆变电路主变压器正常工作时,原边电流以副边反射到原边的电流为主,励磁电流对原边电流的影响可以忽略。

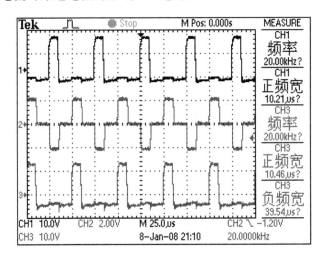

图 4-12   实际的磁通未饱和时的原边电流波形

3. 单向偏磁饱和电流

当铁心的工作磁密 B_m 的值达到饱和磁密 $\pm B_s$ 时,变压器将单向偏磁饱和,此时变压器铁心的磁导率近似于零,所以励磁电感 L_{mp} 很小,励磁电流 i_{mp} 很大,若忽略导线电阻,则相当于变压器绕组短路。当铁心饱和时,$\mu \approx \mu_0$,并有:

$$\phi_s = B_s A_c \tag{4-23}$$

将式(4-23)代入式(4-14)可得铁心单向偏磁饱和时的原边电流:

$$i_1 = \frac{B_s A_c R_m}{N_1} - \frac{N_2}{N_1} i_2 \tag{4-24}$$

将式(4-12)代入式(4-24)可得:

$$i_1 \approx \frac{B_s l_c}{\mu_0 N_1} - \frac{N_2}{N_1} i_2 \tag{4-25}$$

图 4-13(d)所示为主变压器正方向进入单向偏磁饱和区时,正、负半周原边电流的示意图。此时,铁心的磁导率急剧下降,变压器原边等效电感迅速减小,原边电流瞬间上升,引起主开关管 IGBT 过流,保护不当可能损坏功率开关管和主变压器。

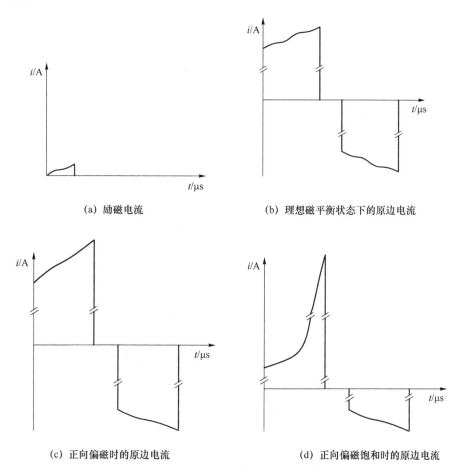

(a) 励磁电流

(b) 理想磁平衡状态下的原边电流

(c) 正向偏磁时的原边电流

(d) 正向偏磁饱和时的原边电流

图 4-13 励磁电流与原边电流示意图

图 4-14 所示为图 4-4 所示的半桥式逆变电路在原边直流输入 E 为 435 V,负载电阻 R 为 0.164 Ω,直流输出为 126 A,有偏磁饱和过程的变压器铁心负向偏磁饱和时的原边电流实测波形。图中 CH1 为图 4-4 中开关管 Q_1 的驱动波形,CH3 为图 4-4 中开关管 Q_2 的驱动波形,CH2 为原边电流经交流电流霍尔传感器后的波形。原边电流瞬间增大到副边反射到原边电流的数倍,极有可能导致主开关管

IGBT 过流。

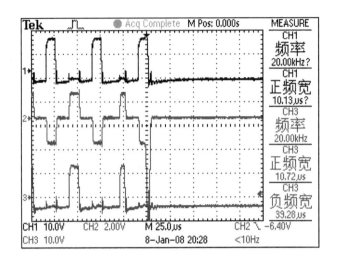

图 4-14　实际的偏磁饱和时的原边电流波形

综上所述,半桥逆变电路主变压器原边电流由励磁电流 i_{mp} 和副边反射到原边的电流 $N_2 i_2 / N_1$ 两部分构成。由式(4-22)和式(4-25)可知,副边反射到原边的电流由负载电流和匝比决定,励磁电流 i_{mp} 由平均磁链长度 l_c、原边匝数 N_1、工作时刻的磁通密度 B 和磁导率 μ 决定。软磁材料未饱和时的磁导率 μ 一般是 100 到 100 000 倍的 μ_0,而单向偏磁饱和时磁导率 $\mu \approx \mu_0$,因此主变压器铁心饱和时原边电流将在瞬间增大数倍。

4.2　主变压器工作状态对铁心材料和 PWM 控制方式的要求

4.2.1　主变压器工作状态对铁心材料的要求

1. 需采用高饱和磁密 B_s 的磁性材料

如本书 4.1 节所述,铁心在磁平衡状态工作时,工作磁密在 $\pm B_m$ 之间变化,其变化量 $\Delta B = 2B_m$,故铁心的利用率高。一般 $B_m < B_s$,铁心的饱和磁密 B_s 越大,工作磁密 B_m 可取得越大,铁心的体积和重量也就越小,因此应采用高饱和磁密 B_s 的磁性材料。

2. 需采用低剩余磁感应强度 B_r 的磁性材料

半桥式逆变电路的主变压器工作磁滞回线示意图如图 4-15 所示,其中过原点的是基本磁化曲线,B_{r1} 对应于工作磁通密度 B_m 的剩余磁通密度。

理想磁平衡稳态工作状态时,工作磁滞回线为图 4-15 中以 $+B_m$ 和 $-B_m$ 为顶点的对称小回环。半桥式逆变电路启动瞬间存在双倍磁通效应。若半桥式逆变电路启动瞬间主变压器的剩余磁感应强度为 0,启动瞬间正好是第一个半周期并具有最大脉冲宽度,则磁通密度将从原点沿基本磁化曲线上升到 $2B_m$ 处,也即启动瞬间最大磁通密度为 2 倍稳态工作时的磁通密度。若启动瞬间铁心剩磁为稳态工作时的剩余磁感应强度 B_{r1},启动瞬间正好是第一个半周期并具有最大脉冲宽度,则磁通密度将从 B_{r1} 开始沿虚线上升到 $2B_m+B_{r1}$ 处。若启动瞬间铁心剩磁为铁心饱和剩余磁感应强度 B_r,启动瞬间正好是第一个半周期并具有最大脉冲宽度,则磁通密度将从 B_r 开始沿饱和磁滞回线上升到 $2B_m+B_r$ 处。传统控制方式对主变压器偏磁的控制方式是检测到偏磁饱和电流时直接关断图 4-4 所示的开关管 Q_1 和 Q_2,使铁心线圈的励磁感应强度为 0,再启动的瞬间铁心剩磁为 B_r。

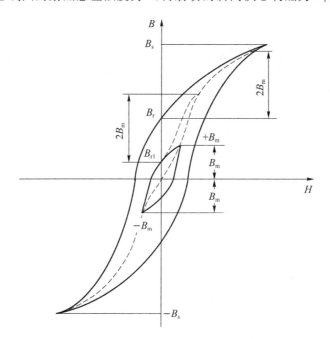

图 4-15 双倍磁通效应的 B-H 磁滞回线示意图

鉴于铁心饱和剩磁和铁心启动瞬间的双倍磁通效应,铁心剩磁影响铁心有效工作磁密 B_m,铁心材料应选用低剩余磁感应强度 B_r 的软磁材料。

3. 需采用磁滞回线窄和电阻率较大的铁心

铁心的工作磁密沿着整个磁滞回线交替变化，铁心损耗较大，在高频时尤为突出。为最大程度地减少铁心损耗，应选择磁滞回线较窄及电阻率大的铁心，或使工作磁密 B_m 的值较小。

4. 选择磁导率较高的材料

为了减少励磁电流，主变压器的铁心应选择磁导率 μ 较高的材料。

4.2.2 主变压器工作状态对 PWM 控制方式的要求

1. 尽量保证主回路器件的一致性和 PWM 信号正、负半周相等

本章 4.1.2 小节已经分析过，开关管动态特性不一致、通态压降不一致、次级整流二极管特性不一致以及 PWM 信号正、负半周不相等都是导致半桥式逆变电路磁不平衡的主要因素。尽量保证主回路器件的一致性和 PWM 信号正负半周相等，虽然不可能彻底消除偏磁饱和，但可以减少电路工作过程中偏磁保护的次数，从而优化电源的输出稳定性。

2. 需附加保护电路防止偏磁饱和过流损坏主开关管或主变压器

本章 4.1.4 小节已经分析过，原边电流由副边反射到原边的电流和励磁电流两部分构成。副边反射到原边的电流由负载电流和匝比决定；励磁电流由平均磁链长度 l_c，原边匝数 N_1，工作时刻的磁通密度 B 和磁导率 μ 决定。主变压器进入单向偏磁饱和区时，铁心的磁导率急剧下降，变压器原边等效电感迅速减小，原边电流瞬间上升，需附加保护电路和偏磁抑制电路防止偏磁饱和电流过大损坏主开关管或主变压器。主变压器原边电流瞬间上升，一方面可能导致主开关管 IGBT 因保护不及时进入非安全工作区而损坏，另一方面可能导致主开关管 IGBT 因保护及时进入过载保护或短路保护状态。

桥式逆变直流电路中 IGBT 产生过电流的原因主要有：①输出电流闭环反馈调节损坏，导致输出电流失控；②输出整流管损坏；③变压器偏磁；④逆变器内部短路。以上引起桥式逆变直流电路中 IGBT 产生过电流的原因中输出电流反馈失控最容易保护，因为输出回路存在输出电抗器，限制了输出电流的上升率，给保护动作留下的时间较长；另外输出二极管短路时，由于变压器漏抗存在，短路电流上升率受到一定的抑制，同样给保护动作留下了较长时间；对于变压器偏磁、变压器一次侧短路以及逆变器内部短路，由于电流上升率较高，保护较困难。变压器一次侧短路和逆变器内部短路发生几率小,还可通过优化逆变器器件安装方式和结构来加以避免。但在桥式逆变电路主变压器实际的工作过程中,如果不采取额外措施的话,主变压器的偏磁饱和现象是不可避免的。本章4.3节和4.4节将对半桥式逆变电路偏磁现象的产生原因和产生过程作具体分析和试验。由于在 IGBT 的总运行时间内,其短路次数不得大于 1 000 次。因主变压器单向偏磁饱和引起主开关管过流,且使主开关 IGBT 模块总过流次数超过 IGBT 安全运行的临界次数是引起桥式逆变电路容易损坏和使用寿命短的最主要原因。

主变压器的工作状态要求 PWM 控制方式需附加主开关管保护和偏磁抑制电路防止偏磁饱和电流过大损坏主开关管或主变压器。防止偏磁饱和过流损坏主开关管和主变压器主要有两方面措施:①提高主开关管偏磁饱和过流关断保护电路的性能;②设计专用的自动平衡电路使磁通强制平衡,抑制偏磁饱和电流的产生。提高大功率逆变电路的可靠性,很大程度上依赖于抑制主变压器偏磁饱和电流,设计专用的自动平衡电路使磁通强制平衡是桥式逆变电路抗偏磁的最佳方法之一。

3. 抑制主变压器偏磁将有效降低逆变电路损耗提高主电路效率

抑制半桥式逆变电路中主变压器铁心偏磁,使其运行在理想磁平衡状态或轻微偏磁状态,将有效地减小主变压器处于深度偏磁和单向偏磁饱和状态的可能,从而降低主变压器运行时的铁损和铜损。抑制偏磁可有效减少甚至消除偏磁饱和关断过程,从而降低开关损耗。

抑制偏磁可有效降低半桥式逆变电路的开关损耗和主变压器的铁损及铜损,从而在一定程度上提高主电路效率。

4. 抑制主变压器偏磁将有效优化电源的动态性能提高主电路的可靠性

为防止偏磁饱和电流损坏主开关管或主变压器,出现偏磁饱和电流时保护电路将封锁所有 IGBT 驱动信号使主电路进入过载或过流保护状态。封锁所有 IGBT 驱动信号将中断主变压器原边至副边的能量传递,可能造成电源输出纹波过大和供电不稳等现象,影响主电路的动态性能。抑制偏磁可有效减少甚至消除偏磁饱和过流关断过程,从而优化电源的动态性能。

封锁驱动信号来保护开关管和主变压器是一种最直接的保护方式,但吸收电路和钳位电路必须经过特别设计,使其适用于短路情况。这种方法的缺点是会造成 IGBT 关断时承受的应力过大,特别是在关断感性大电流负载时,必须采取相应的保护电路以避免 IGBT 锁定效应发生。前面已经提到过,由于在 IGBT 的总运行时间内,其短路次数不得大于 1 000 次,因主变压器单向偏磁饱和引起的 IGBT 短路是影响半桥式逆变电路使用寿命的重要因素。抑制偏磁可有效减少甚至消除偏磁饱和关断过程,减少开关管承受大应力的次数和强度,提高半桥式逆变电路的使用寿命和可靠性。在使用寿命保持不变的情况下,可降低 IGBT 的安全裕量使用小容量 IGBT,降低系统成本。

4.3 半桥式逆变电路磁通平衡与不平衡的动态过程分析

在 4.1.2 小节中已经分析过,在半桥式逆变电路中引起变压器偏磁的主要因素有:①开关管通态压降差异;②正、负脉冲宽度不一致(开关管开关速度、驱动模块延迟不同或控制脉冲宽度不一致);③逆变电路输入直流电源电压波动;④次级整流二极管正向压降和变压器次级线圈等效电阻不等等方面。为对半桥结构逆变器的偏磁机理有深入认识并为逆变器的设计制作提供理论依据,针对由以上 4 个因素引起的半桥逆变电路的磁平衡与磁不平衡过程建立动态模型。在此模型基础上,分析电路参数、负载状况等因素对磁平衡与磁不平衡过程的影响。

4.3.1 正、负脉宽不一致导致的磁平衡与磁不平衡过程

仅分析半桥逆变电路一个周期结束时变压器铁心磁通偏移量 $\Delta\Phi$,在分析半桥逆变电路因正、负脉冲宽度不一致导致的磁平衡与磁不平衡过程之前,本书作如下假设:

① 功率开关器件简化为理想开关,变压器简化为理想变压器;

② 分压电容中点电压在一个周期内为恒值,等于其在一个周期内的平均值,在周期结束时刻其值发生跃变;

③ 变压器正、负半波"伏·秒"数不等是由正、负半波宽度不一致引起的,正、负半波导通时间分别为 $(\delta+\Delta\delta)T$ 和 δT;

④ 不考虑变压器铁心磁通在周期内的变化,将每周期结束时刻的磁通偏移量 $\Delta\Phi$ 简化为连续变化量;

⑤ 在引入上述引起变压器铁心偏磁的因素之前电路工作在平衡状态,分压电容中点电压为 $E/2$,E 为逆变电路输入直流电源电压;

⑥ I_s 为副边负载电流。

根据上述假设,图 4-4 所示半桥逆变电路的等效电路如图 4-16 所示,其中

$C = C_1 + C_2$，n 为变压器变比。

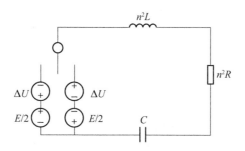

图 4-16 半桥式变换器等效电路

1. 负载为纯阻性

在变压器二次侧为纯阻性负载情况下，处于平衡状态的逆变电路，由于 $\Delta\delta T$ 的引入将使变压器磁通偏移 $\Delta\Phi$，分压电容中点电压产生偏移 ΔU。由于中点电压浮动，将引起原边负载电流发生变化，产生正、负半波电流差 ΔI_p，同时由于 ΔI_p 的产生减小了 ΔU 的增长速度。另外，由于 ΔU 的存在使变压器电磁偏移量 $\Delta\Phi$ 的增长速度减小。

当二次侧为纯阻性负载时，根据上述假设和等效电路：

$$\Delta U(t) = \frac{1}{C}\int i_1(t)\Delta\delta(t)\,\mathrm{d}t \approx \frac{1}{C}\int \frac{I_s}{n}\Delta\delta(t)\,\mathrm{d}t \tag{4-26}$$

则 ΔU 对 $\Delta\delta$ 的传递函数为：

$$G_1(s) = \frac{I_s}{nCs} \tag{4-27}$$

$$\Delta\phi(t) = \frac{1}{N_1}\int \frac{E}{2}\Delta\delta(t)\,\mathrm{d}t \tag{4-28}$$

则 $\Delta\Phi$ 对 $\Delta\delta$ 的传递函数为：

$$G_2(s) = \frac{E}{2N_1 s} \tag{4-29}$$

$$\Delta I_P(t) = 2\delta\frac{\Delta U(t)}{n^2 R} \tag{4-30}$$

则 ΔI_P 对 ΔU 的传递函数为：

$$G_3(s) = \frac{2\delta}{n^2 R} \tag{4-31}$$

$$\Delta U(t) = \frac{1}{C}\int \Delta I_P(t)\delta\,\mathrm{d}t \tag{4-32}$$

则 ΔU 对 ΔI_P 的传递函数为：

$$G_4(s) = \frac{\delta}{Cs} \tag{4-33}$$

$$\Delta\phi(t) = \frac{1}{N_1}\int \Delta U(t) 2\delta dt \tag{4-34}$$

则 $\Delta\Phi$ 对 ΔU 的传递函数为：

$$G_5(s) = \frac{2\delta}{N_1 s} \tag{4-35}$$

根据上述分析，半桥式电路由正、负脉宽不一致导致的磁平衡与磁不平衡过程可用图 4-17 所示的动态模型来描述。

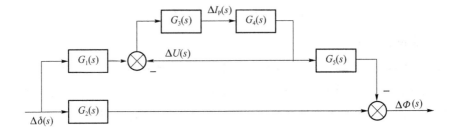

图 4-17 脉宽不一致导致半桥式电路磁不平衡过程的模型

因此，纯阻性负载时，变压器铁心磁通偏移量 $\Delta\Phi$ 对 $\Delta\delta$ 的传递函数为：

$$\frac{\Delta\phi(s)}{\Delta\delta(s)} = G_2(s) - G_1(s)\frac{G_5(s)}{1+G_3(s)G_4(s)} = \frac{E}{2N_1 s} - \frac{2I_s\delta}{nN_1 s\left(Cs + \frac{2\delta^2}{n^2 R}\right)} \tag{4-36}$$

2. 负载为感性但电流不连续

如果负载为感性，当电感值比较小，电流不连续时，半桥式电路磁平衡与磁不平衡过程和阻性负载相同，只是 ΔI_P 对 ΔU 的传递函数不同。

$$\Delta U(t) = \frac{n^2 R\Delta I_P(t) + n^2 L\dfrac{d\Delta I_P(t)}{dt}}{2\delta} \tag{4-37}$$

则 ΔI_P 对 ΔU 的传递函数为：

$$G_3(s) = \frac{\Delta I_P(s)}{\Delta U(s)} = \frac{2\delta}{n^2 R + n^2 Ls} \tag{4-38}$$

因此，在负载为感性但电流不连续的情况下，变压器铁心偏移量 $\Delta\Phi$ 对 $\Delta\delta$ 的传递函数为：

$$\begin{aligned}
\frac{\Delta\Phi(s)}{\Delta\delta(s)} &= G_2(s) - G_1(s)\frac{G_5(s)}{1+G_3(s)G_4(s)} \\
&= \frac{E}{2N_1 s} - \frac{2nRI_s\delta}{N_1 s(n^2 LCs^2 + n^2 RCs + 2\delta^2)} - \frac{2nLI_s\delta}{N_1(n^2 LCs^2 + n^2 RCs + 2\delta^2)}
\end{aligned} \tag{4-39}$$

3. 负载为感性且电流连续

当电感值比较大时,原边和副边电流在一个周期内基本保持不变。电容中点电位变化 ΔU 时 ΔI_P 很小可以忽略,因此 ΔI_P 对 ΔU 的传递函数计为 0,则变压器铁心偏移量 $\Delta\Phi$ 对 $\Delta\delta$ 的传递函数为:

$$\frac{\Delta\Phi(s)}{\Delta\delta(s)}=G_2(s)-G_1(s)G_5(s)=\frac{E}{2N_1s}-\frac{2I_s\delta}{N_1nCs^2} \tag{4-40}$$

4.3.2 开关管导通电阻差异导致的磁不平衡

1. 负载为纯阻性

在变压器二次侧为纯阻性负载的情况下,处于平衡工作状态的逆变电路,由于功率元件导通电阻不同 ΔR 的引入将引起负载电流发生变化,产生正、负半波电流差 ΔI_P,由于 ΔI_P 的存在使分压电容中点电压产生偏移 ΔU 和变压器磁通偏移 $\Delta\Phi$,同时由于 ΔU 的存在又减小了负半波电流差 ΔI_P,降低了变压器电磁偏移量 $\Delta\Phi$ 的增长速度。

当二次侧为纯阻性负载时,根据上述假设和等效电路:

$$\Delta I_P=\frac{E}{2n^4R^2}\Delta R \tag{4-41}$$

则 ΔI_P 对 ΔR 的传递函数为:

$$G_1(s)=\frac{E}{2n^4R^2} \tag{4-42}$$

$$\Delta U(t)=\frac{1}{C}\int\Delta I_P(t)\delta\mathrm{d}t \tag{4-43}$$

则 ΔU 对 ΔI_P 的传递函数为:

$$G_2(s)=\frac{\delta}{Cs} \tag{4-44}$$

$$\Delta I_P(t)=\frac{2\delta}{n^2R}\Delta U(t) \tag{4-45}$$

则 ΔI_P 对 ΔU 的传递函数为:

$$G_3(s)=\frac{2\delta}{n^2R} \tag{4-46}$$

$$\Delta\Phi(t)=\frac{1}{N_1}\int n^2R\Delta I_P(t)\delta\mathrm{d}t \tag{4-47}$$

则 $\Delta\Phi$ 对 ΔI_P 的传递函数为:

$$G_4(s)=\frac{n^2R\delta}{N_1s} \tag{4-48}$$

根据上述分析,半桥式电路由开关管导通电阻不同导致的磁平衡与磁不平衡过程可用图 4-18 所示的模型来描述。

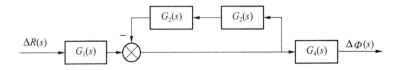

图 4-18　开关管不一致导致半桥式电路磁不平衡过程的模型

因此,纯阻性负载时,变压器铁心磁通偏移量 $\Delta\Phi$ 对 ΔR 的传递函数为:

$$\frac{\Delta\Phi(s)}{\Delta R(s)}=\frac{G_1(s)G_4(s)}{1+G_2(s)G_3(s)}=\frac{E\delta}{2N_1n^2Rs}\bigg/\left(1+\frac{2\delta^2}{n^2CRs}\right) \tag{4-49}$$

2. 负载为感性但电流不连续

如果负载为感性,当电感值比较小,电流不连续时,半桥式电路磁平衡与磁不平衡过程和阻性负载相同,只是 ΔI_P 对 ΔU 的传递函数不同。

$$\Delta U(t)=\frac{n^2R\Delta I_P(t)+n^2L\dfrac{\mathrm{d}\Delta I_P(t)}{\mathrm{d}t}}{2\delta} \tag{4-50}$$

则 ΔI_P 对 ΔU 的传递函数为:

$$G_3(s)=\frac{\Delta I_P(s)}{\Delta U(s)}=\frac{2\delta}{n^2R+n^2Ls} \tag{4-51}$$

因此,负载为感性但电流不连续的情况下,变压器铁心偏移量 $\Delta\Phi$ 对 ΔR 的传递函数为:

$$\frac{\Delta\Phi(s)}{\Delta R(s)}=\frac{G_1(s)G_4(s)}{1+G_2(s)G_3(s)}=\frac{E\delta}{2N_1n^2Rs}\bigg/\left(1+\frac{2\delta}{n^2Cs(R+Ls)}\right) \tag{4-52}$$

3. 负载为感性且电流连续

当电感值比较大时,原边和副边电流在一个周期内基本不变,则负载为感性但电流连续的情况下,

$$\Delta\Phi(t)=\frac{1}{N_1}\int\frac{I_s\Delta R}{2n}\delta\mathrm{d}t \tag{4-53}$$

则变压器铁心磁通偏移量 $\Delta\Phi$ 对 ΔR 的传递函数为:

$$\frac{\Delta\Phi(s)}{\Delta R(s)}=\frac{\delta I_s}{2N_1ns} \tag{4-54}$$

4.3.3 其他因素导致的磁不平衡

1. 次级整流二极管正向压降和次级线圈等效电阻不等导致的磁不平衡

对于正负半波变压器次级线圈等效电阻和次级整流二极管正向导通电阻不等所导致的磁不平衡,假设 ΔR 为二次侧正负半波电阻差,则有:

$$\Delta \Phi(t) = \frac{1}{N_1} \int \frac{nI_s \Delta R \delta}{2} \mathrm{d}t \tag{4-55}$$

则变压器铁心磁通偏移量 $\Delta \Phi$ 对 ΔR 的传递函数为:

$$\frac{\Delta \Phi(s)}{\Delta R(s)} = \frac{nI_s \delta}{2N_1 s} \tag{4-56}$$

2. 输入直流电源电压波动导致的磁不平衡

对于逆变电路输入直流电源电压波动,假设 ΔE 为正、负半波电压差,则有:

$$\Delta \Phi(t) = \frac{1}{N_1} \int \Delta E \delta \mathrm{d}t \tag{4-57}$$

则变压器铁心磁通偏移量 $\Delta \Phi$ 对 ΔE 的传递函数为:

$$\frac{\Delta \Phi(s)}{\Delta E(s)} = \frac{\delta}{N_1 s} \tag{4-58}$$

4.4 半桥式逆变电路磁通平衡与不平衡试验

造成半桥式逆变电路磁不平衡过程的因素有很多,由于试验条件限制仅对因正、负脉冲宽度不一致所导致的磁不平衡过程做具体试验和理论分析。变换器采用图 4-4 所示的拓扑结构,其中 $E=470$ V,$C_1=C_2=30$ μF,$L=500$ μH,变压器变比 $n=5$,变压器原边匝数 N_1 为 20,Q_1 和 Q_2 为额定值 200 A 的 IGBT。主变压器铁心为铁基超微晶合金,其单向工作磁密在 0.4 T 左右,饱和磁密在 1.20 T 左右。试验发现偏磁饱和电流并不一定都是出现在脉宽占空比大的一侧。利用 4.3 节提出的动态模型对试验过程进行理论计算分析,所得分析计算结果与实际试验结果大致相符。

4.4.1 脉宽差异导致的偏磁饱和试验

图 4-19 所示为脉宽不一致导致半桥式电路磁不平衡过程实测波形,其中 CH1

为原边电流经交流电流霍尔传感器后的波形,所示波形的正半波对应的是开关管 Q_2 开通时的波形,分析时取开关管 Q_2 开通时的电流方向为原边电流的正向,则开关管 Q_1 开通时电流方向为负向;CH2 为 C_1 和 C_2 电容中点电位波形;CH3 为对原边电流霍尔传感器的电压信号进行积分的波形;CH4 为正、负半周脉宽差异标志信号,CH4 所示信号的下降沿表示脉宽开始发生差异,该差异一直维持到 CH4 的信号上升沿。

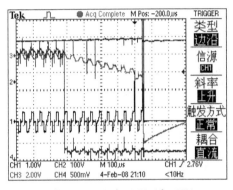

(a) R: 0.81 Ω δ: 24% $\Delta\delta$: 10%

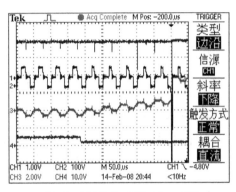

(b) R: 0.81 Ω δ: 24% $\Delta\delta$: −10%

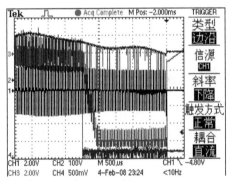

(c) R: 0.164 Ω δ: 24% $\Delta\delta$: 10%

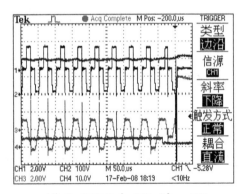

(d) R: 0.164 Ω δ: 24% $\Delta\delta$: −10%

图 4-19　脉宽不一致导致半桥式电路磁不平衡过程实测波形

试验编号为 1,负载电阻 R 为 0.81 Ω,$\delta=24\%$,$\Delta\delta=10\%$,从 CH4 信号由高变低开始,Q_2 的导通脉宽保持 24% 不变,而 Q_1 的导通脉宽变为 14%,经过 9 个周期出现正向偏磁饱和电流过程的实测波形如图 4-19(a)所示。试验编号为 2,负载电阻 R 为 0.81 Ω,$\delta=24\%$,$\Delta\delta=-10\%$,从 CH4 信号由高变低开始,Q_2 的导通脉宽变为 14%,而 Q_1 的导通脉宽保持 24% 不变,经过 7 个周期出现负向偏磁饱和电流过程的实测波形如图 4-19(b)所示。试验编号为 3,负载电阻 R 为 0.164 Ω,$\delta=$

24%,$\Delta\delta=10\%$,从 CH4 信号由高变低开始,Q_2 的导通脉宽保持 24% 不变,而 Q_1 的导通脉宽变为 14%,此时电容中点电位明显降低,经过 50 个周期出现负向的偏磁饱和电流过程的实测波形如图 4-19(c)所示。试验编号为 4,负载电阻 R 为 0.164 Ω,$\delta=24\%$,$\Delta\delta=-10\%$,从 CH4 信号从高变低开始,Q_2 的导通脉宽变为 14%,而 Q_1 的导通脉宽保持 24% 不变,经过 1 个周期出现负向偏磁饱和电流过程的实测波形如图 4-19(d)所示。图 4-19 所示半桥电路的偏磁饱和过程均是多次试验的典型结果,所用示波器为 Tektronix 公司生产的 TPS2014 示波器。对以上试验进行归纳,可得表 4-1 所示结果。

表 4-1 偏磁饱和试验综合对比表

试验编号	负载电阻 R/Ω	输出电流 I_s/A	脉宽差异		偏磁饱和电流情况	
			Q_1	Q_2	所需周期	饱和方向
1	0.81	29.3	14%	24%	9	正向
2	0.81	29.3	24%	14%	7	负向
3	0.164	162.9	14%	24%	50	负向
4	0.164	162.9	24%	14%	1	负向

4.4.2 脉宽差异导致的偏磁饱和试验理论分析

如图 4-20 所示,可以把考察两个开关管的驱动脉宽发生差异 $\Delta\delta$ 后第 n 个周期结束时变压器铁心的磁通量偏移量 $\Delta\Phi$,看成是考察前文所述对 $\Delta\delta(s)$ 信号的离散采样和零阶保持后经传递函数 $G(s)=\Delta\Phi(s)/\Delta\delta(s)$ 的输出,其中采样周期和开关管的开关周期相等。

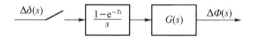

图 4-20 $\Delta\delta$ 的采样模型

分析试验 1 和试验 2(负载电阻 R 为 0.81 Ω)因开关管驱动脉宽差异 $\Delta\delta$ 引起的变压器铁心磁通量偏移量 $\Delta\Phi$ 时,因负载电阻大电流小而电流变化量相对较大,为方便计算可简化为 4.3.1 小节所述的负载为纯电阻的情形。分析试验 3 和试验 4(负载电阻 R 为 0.164 Ω)因开关管驱动脉宽差异 $\Delta\delta$ 引起的变压器铁心磁通量偏移量 $\Delta\Phi$ 时,因负载电阻小电流大而电流变化量相对较小简化为 4.3.1 小节所述的负载为感性电流连续的情况。

1. 负载偏阻性情况

分析表 4-1 中所述试验 1 和试验 2(负载电阻 R 为 0.81 Ω),因 $\Delta\delta$ 从 0 到 10% 阶跃变化引起的变压器磁通偏移量 $\Delta\Phi$ 时,根据第 4.3.1 小节的模型分析有:

$$\Delta\Phi(z) = Z\left[\left(\frac{1-e^{-T_s}}{s}\right)\left(\frac{E}{2N_1 s} - \frac{2I_s\delta}{N_1 nS\left(CS + \frac{2\delta^2}{n^2 R}\right)}\right)\right] Z\left(\frac{0.1}{s}\right) \quad (4\text{-}59)$$

$$\Delta B(z) = \frac{\Delta\Phi(z)}{A_c} \quad (4\text{-}60)$$

对于表 4-1 中所述负载电阻 R 为 0.81 Ω 的试验,将如下参数 $R = 0.81\,\Omega$, $T = 50\,\mu s$, $E = 470\,V$, $\delta = 24\%$, $C = 60\,\mu F$, $I_s = 29.3\,A$, $L = 500\,\mu H$,变压器变比 $n = 5$,变压器原边匝数 $N_1 = 20$,变压器铁心有效截面积 $S = 9.18\,cm^2$ 代入式(4-59)和式(4-60),可得:

$$\Delta B(z) = \frac{0.063\,79z^2 - 0.064\,13z}{z^3 - 2.995z^2 + 2.991z - 0.995\,3} \quad (4\text{-}61)$$

由上式可得,对于试验 1 负载电阻 R 为 0.81 Ω 时,当 $\Delta\delta$ 从 0 阶跃到 10%,ΔB 对 $\Delta\delta$ 的阶跃响应输出曲线如图 4-21(a)所示。同理,对于试验 2,当 $\Delta\delta$ 从 0 阶跃到 -10%,ΔB 对 $\Delta\delta$ 的阶跃响应输出曲线如图 4-21(b)所示。图 4-21 所示的阶跃响应曲线初始条件为铁心工作在理想磁平衡状态。所谓理想磁平衡状态、正向偏磁的磁平衡状态和负向偏磁的磁平衡状态,如图 4-7 所示,本书 4.1.3 小节已作过详细阐述。定义出现正向偏磁饱和电流的磁通方向为参考正向。图 4-21 所示磁密增量变化曲线表明负载电阻 R 为 0.81 Ω 时,$\Delta\delta = 0.1$ 或 $\Delta\delta = -0.1$ 出现之后每经过一个周期,铁心磁通变化中心点将向脉宽大的方向偏移直至出现磁密饱和。根据图 4-21 所示磁密增量变化曲线,结合表 4-1 中试验编号 1 和试验 2(负载电阻 R 为 0.81 Ω)的试验结果和图 4-19(a)及图 4-19(b)的波形分析可得:

(1) 在 $\Delta\delta$ 出现之前,由于正负脉宽差异和铁心剩磁等因素的影响,变压器铁心已处于负向偏磁的磁平衡状态;

(2) 对于试验 1,在正向开关管 Q_2 导通脉宽比负向开关管 Q_1 的导通脉宽大($\Delta\delta = 0.1$)出现之后,每经过一个周期,铁心磁通变化中心点的偏移量如图 4-21(a)所示朝正向单调增加,到第 9 个周期时,铁心磁密饱和,原边电流在正向瞬间增大为原来的 6 倍,出现偏磁饱和电流;

(3) 对于试验 2,在负向开关管 Q_1 导通脉宽比正向开关管 Q_2 的导通脉宽大($\Delta\delta = 0.1$)出现之后,每经过一个周期,铁心磁通变化中心点的偏移量如图 4-21(b)所示朝负向单调增加,到第 7 个周期时,负向磁密饱和出现负向偏磁饱和电流。

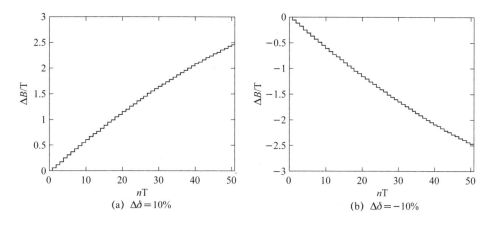

(a) $\Delta\delta=10\%$ (b) $\Delta\delta=-10\%$

图 4-21 R 为 0.81 Ω 时 ΔB 对 $\Delta\delta$ 的阶跃响应

2. 负载偏感性情况

对于表 4-1 中所述试验 3 和试验 4(负载电阻 R 为 0.164 Ω),因 $\Delta\delta$ 从 0 阶跃到 10％引起的变压器磁通偏移量 $\Delta\Phi$ 时,根据 4.3.1 小节的模型分析有:

$$\Delta\Phi(z)=Z\left[\left(\frac{1-\mathrm{e}^{-T_s}}{s}\right)\left(\frac{E}{2N_1 s}-\frac{2I_s\delta}{N_1 nCs^2}\right)\right]Z\left(\frac{0.1}{s}\right) \tag{4-62}$$

对于表 4-1 中所述 R 为 0.164 Ω 的试验,将参数 $R=0.164\ \Omega$,$I_s=162.9\ \mathrm{A}$ 和其他与前述相同参数代入式(4-62)和式(4-60),可得:

$$\Delta B(z)=\frac{0.062\,2z^2-0.065\,48z}{z^3-3z^2+3z-1} \tag{4-63}$$

由上式可得,对于试验 3 负载电阻 R 为 0.164 Ω 时,当 $\Delta\delta$ 从 0 阶跃到 10％,ΔB 对 $\Delta\delta$ 的阶跃响应输出曲线如图 4-22(a)所示。同理,对于试验 4,当 $\Delta\delta$ 从 0 阶跃到－10％,ΔB 对 $\Delta\delta$ 的阶跃响应输出曲线如图 4-22(b)所示。

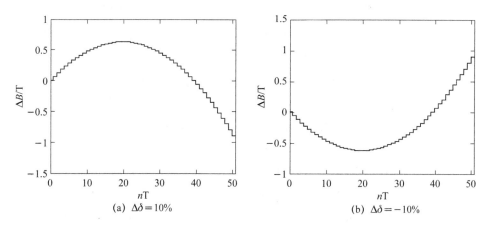

(a) $\Delta\delta=10\%$ (b) $\Delta\delta=-10\%$

图 4-22 R:0.164 Ω 时 ΔB 对 $\Delta\delta$ 的阶跃响应

图 4-22 所示的阶跃响应曲线初始条件也为铁心工作在理想磁平衡状态。根据图 4-22 所示铁心磁密增量变化曲线,结合表 4-1 中试验结果和图 4-19(c)及图 4-19(d)的波形分析可得:

(1) 在 $\Delta\delta$ 出现之前,由于正负脉宽差异和铁心剩磁等因素的影响,另由于变压器一次侧电流较大,可能使铁心处于比前述试验 1 和试验 2(负载电阻 R 为 0.81 Ω)时更深度的负向偏磁的磁平衡状态;

(2) 对于试验 3,在正向开关管 Q_2 导通脉宽比负向开关管 Q_1 的导通脉宽大($\Delta\delta=0.1$)出现之后,每经过一个周期,铁心磁通变化中心点的偏移量如图 4-22(a)所示朝正向单调增加,在出现正向磁密增量的极大值点时还没达到正向铁心饱和磁密,然后偏移量单调下降,到第 50 个周期时,变压器铁心负向磁密饱和,原边电流在负向瞬间增大为原来的 2 倍,出现偏磁饱和电流。

(3) 对于试验 4,在负向开关管 Q_1 导通脉宽比正向开关管 Q_2 的导通脉宽大($\Delta\delta=0.1$)出现之后,由于变压器已处于负向偏磁状态,因此 1 个周期即出现负向偏磁饱和电流。

4.5　基于双端 PWM 数字逻辑生成法的偏磁抑制措施

前文已述设计专用的自动平衡电路使磁通量强制平衡,是解决桥式逆变电路抗偏磁问题的最佳途径之一。自动平衡电路的主要目的是使正、负半周的占空比发生差异,使铁心磁滞回线的中心点向零点逐步靠近。绪论中已经提到由于模拟电路中设置自动平衡电路存在结构复杂、所需器件多等缺点,实际抗偏磁效果也并不理想,未在桥式逆变的实际应用中得到大规模的运用。双端 PWM 生成方式采用数字逻辑生成法以后使正、负半周的占空比产生差异变得相对容易,也使桥式逆变电路的主变压器抗偏磁的可操作性得到提高。桥式逆变电路的抑制偏磁主要包括两个方面:①偏磁状态的检测;②正、负半周的占空比差异的具体实施方式。

4.5.1　桥式逆变电路偏磁状态的检测

根据对桥式逆变电路主变压器的磁分析可知,偏磁饱和是偏磁累积的过程,变压器处于本书 4.1.3 小节所述磁不平衡状态并未达到饱和状态的过程中时,变压器正、负半周原边电流并无明显差异。显然传统的通过检测单周期原边电流来判断偏磁的方法只能反映偏磁饱和状态,由于偏磁饱和时原边电流上升速率大,此时再采取保护措施效果并不是很理想。根据 4.3 节和 4.4 节对偏磁饱和过程的分析与试验结果,偏磁饱和电流并不一定都是出现在脉宽占空比大的一侧,因此通过检测偏磁饱和电流及其产生方向并使正、负半周脉宽发生差异来消除偏磁饱和是不可行的。偏磁状态的检测方法是制约传统的抗偏磁措施未得到应用的原因之一,如何检测桥式逆变电路的偏磁状态是自动抑制磁不平衡的关键问题之一。根据第 4 章所分析的偏磁过程的特点,本书采用原边电压采样积分法或原边电流采样积分法来检测磁不平衡状态。

1. 原边电压积分法检测偏磁状态

如本书 4.1 节所述,对于半桥式逆变电路,当主变压器正、负半周内施加的"伏·秒"数相等,即满足:

$$\int_0^{T/2} V_1(t)\mathrm{d}t = \int_{T/2}^{T} V_2(t)\mathrm{d}t \tag{4-64}$$

时,主变压器铁心工作在磁平衡状态,即每经过一个周期,主变压器的磁通量变化量为零。式(4-64)中 $V_1(t)$ 和 $V_2(t)$ 分别为正、负半周的电压且参考方向相反。若 $V_1(t)$ 和 $V_2(t)$ 统一记为 $V(t)$,则式(4-64)可改写为:

$$\int_0^{T} V(t)\mathrm{d}t = 0 \tag{4-65}$$

显然,半桥式逆变电路主变压器处于本书 4.1.3 小节所述的磁不平衡状态且未达到饱和状态时,满足方程:

$$-N_1 A_C B_S < \int_0^{t} V(t)\mathrm{d}t < N_1 A_C B_S \tag{4-66}$$

为抑制偏磁饱和使主变压器工作在相对安全的磁滞回线,需使主变压器工作过程满足如下方程:

$$-N_1 A_C B_m < \int_0^{t} V(t)\mathrm{d}t < N_1 A_C B_m \tag{4-67}$$

根据以上分析,可通过霍尔电压传感器隔离检测原边电压,并对传感器输出采样结果进行积分运算,对积分运算后的电压进行阈值比较即可判断变压器是否工作在所设置的磁工作范围内。由于将积分运算输出的电压直接进行电压比较,阈值会设置得相对较大,可以用电子开关控制比较器在一个周期的第二个两个主开关管同时关断的死区时间接通比较器输入进行比较,此时的比较阈值可设置得相对较小。本书采取后一种方案,具体的检测电路和检测过程如图 4-23 所示。图 4-23 中 PWMSC1 为积分电压比较选通控制信号;PWMSC2 为积分电压清零信号;

REF1 为正向偏磁的阈值电压比较参考信号；REF2 为负向偏磁的阈值电压比较参考信号；BIASP 为正向偏磁信号；BIASN 为负向偏磁信号。PWMSC1 信号如图 4-24 所示可由数字逻辑产生，PWMSC2 信号由各种关断保护信号产生。

2. 原边电流积分法检测偏磁状态

原边电流积分法的检测电路和检测过程与原边电压积分法相似，只是将图 4-23 中原边电压积分法中的电压传感器换成电流传感器。原边电流积分法是建立在电流积分基本能反映主变压器"伏·秒"数的基础上的，适用条件是正、负半周原边电流幅值变化较小，即主变压器工作在本书 4.2 节所分析的负载为感性的情况下。原边电流积分法充分利用了传统的用于开关管过流保护的电流传感器不增加系统构成成本，但电流积分检测的灵敏度不如电压积分。前述原边电压积分法检测偏磁状态虽然能具体反映偏磁状态，但需要另外设置电压霍尔传感器来检测原边电压，这在一定程度上增加了电路系统构成成本。

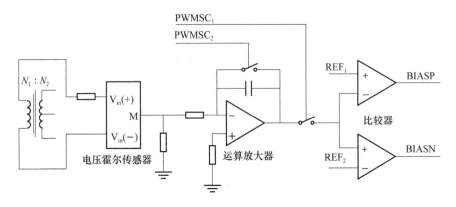

图 4-23　偏磁检测电路示意图

4.5.2　数字逻辑生成法抑制偏磁的具体实施方式

1. 数字逻辑生成法抑制偏磁的机理

数字逻辑生成法抑制偏磁是建立在双端 PWM 数字逻辑生成法基础上的，数字逻辑生成法抑制偏磁的机理如图 4-24 所示。图中 PWM Signal 信号、PWM Deadtime 信号、方波 Q 的生成方式本书不做赘述，P 信号的生成方式与上述 3 种信号的生成方式相同，用来控制图 4-23 所示的比较选通开关的 PWMSC$_1$ 信号由上述 3 种信号经过简单的逻辑运算得来。在正常情况下，信号 V_A 由 PWM

Signal、PWM Deadtime 和方波 Q 经过或非逻辑得到,另一路信号 V_B 由 PWM Signal、PWM Deadtime 和方波 Q 反相后的信号经过或非逻辑得到。如果经 4.5.1 小节所述检测方法检测到主变压器向 V_A 信号所对应的半周偏磁,则检测信号控制 V_A 信号变为由 PWM Signal、PWM Deadtime、方波 Q 和方波 P 相或非,即 V_A 信号正脉宽减小 P 信号所对应的脉宽;如果检测到主变压器向 V_B 信号所对应的半周偏磁,那么检测信号控制 V_B 信号变为由 PWM Signal、PWM Deadtime、方波 Q 反相后的信号和方波 P 相或非,即 V_B 信号正脉宽减小 P 信号所对应的脉宽。

数字逻辑生成法抑制偏磁的实质是用偏磁检测所得信号来控制图 4-24 所示的信号 P 参与双端 PWM 生成方式中的或非逻辑运算并造成正、负半周脉宽发生差异,且正、负半周脉宽差异的大小由信号 P 的脉宽决定。数字逻辑生成法抑制偏磁与传统的抗偏磁方法相比具有实施简便、响应速度快、脉冲差异大小调节方便等优点。

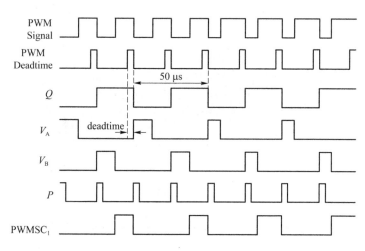

图 4-24 数字逻辑生成法抑制偏磁的机理示意图

2. 数字逻辑生成法抑制偏磁的试验结果与分析

正如 4.5.1 小节所述,原边电流积分法检测偏磁状态的灵敏度不如原边电压积分法,因此以基于原边电流积分法的数字逻辑抑制偏磁试验来验证基于原边电流或电压积分的数字逻辑生成法抑制偏磁的可行性。变换器采用图 4-4 所示的拓扑结构,试验条件与本书 4.4.1 小节所述试验 3 和试验 4 的实验条件基本相同:$E=470$ V,负载电阻 R 为 0.164 Ω。

图 4-25 和图 4-26 所示均为基于电流积分的数字逻辑抑制偏磁过程的实测波形,其中 CH1 为原边电流经交流电流霍尔传感器后的波形,所示波形的正半波对

应的是开关管 Q_2 开通时的波形,分析时取开关管 Q_2 开通时的电流方向为原边电流的正向,则开关管 Q_1 开通时电流方向为负向;CH2 为负向偏磁检测信号所对应的波形,信号为低表示检测到负向偏磁信号;CH3 为对原边电流霍尔传感器的电压信号进行积分并经 PWMSC$_1$ 控制电子开关调制后的波形;CH4 为正向偏磁检测信号所对应的波形,信号为低表示检测到正向偏磁信号。如前所述,CH2 和 CH4 同时也为正、负驱动脉冲减小图 4-24 信号 P 所对应脉宽的标志信号,CH2 所示信号从高到低的变化过程表示负半周驱动脉冲宽度减小信号 P 所对应脉宽并维持到 CH2 的信号从低到高变化时结束,CH4 所示信号从高到低的变化过程表示正半周驱动脉冲宽度减小信号 P 所对应脉宽并维持到 CH4 的信号从低到高变化时结束。

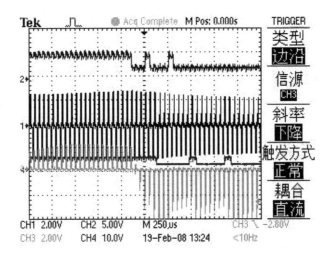

图 4-25　基于电流积分的数字逻辑抑制偏磁过程的实测波形 1

　　图 4-25 所示的试验分为 3 个阶段:①逆变器处于正负脉宽基本相等的相对磁平衡过程中,此时正、负脉宽的占空比均为 24%;②人为拉低负向偏磁信号(如 CH2 所示),此时负向脉宽减小为 14%,正向脉宽保持 24% 不变,主变压器偏磁状态向正向偏磁状态过渡,CH2 出现两次变高的过程,最后趋向稳定;③经过几个周期 CH3 的信号超过正向偏磁的阈值使得正向偏磁的信号变低(如 CH4 所示),此时正向脉宽也减小到 14%,与负向脉宽相同。该试验表明,电流积分法基本能反映偏磁状态,只要能及时判断偏磁状态数字逻辑生成法抑制偏磁系统就能及时响应,从而改善偏磁状态。

　　图 4-26 所示的试验也可分为 3 个阶段:①逆变器处于正、负脉宽基本相等的相对磁平衡过程中,此时正、负脉宽的占空比均为 24%;②人为拉低正向偏磁信号

（如 CH4 所示），此时正向脉宽减小为 14％，负向脉宽保持 24％不变，主变压器偏磁状态向负向偏磁状态过渡并出现偏磁饱和电流，其原因在本书 4.4.2 小节已有具体分析，CH4 出现一次变高的过程，最后趋向稳定；③CH3 的信号超过负向偏磁的阈值使得负向偏磁的信号变低（如 CH2 所示），但此时已经处于偏磁饱和的关断保护状态。该试验同样也表明电流积分法基本能反映偏磁状态并且数字逻辑生成法抑制偏磁系统能及时响应，同时也表明本章所述的双端 PWM 数字逻辑生成方式能及时完成传统的偏磁饱和关断保护。数字逻辑生成法抑制偏磁与传统的偏磁饱和关断保护相配合，有力地保证了逆变电路主电路安全可靠运行。

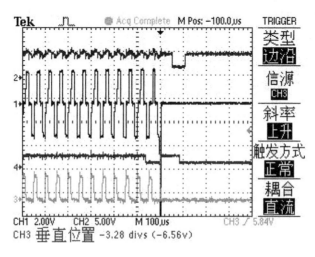

图 4-26　基于电流积分的数字逻辑抑制偏磁过程的实测波形 2

本 章 小 结

（1）加在主变压器原边的正半周和负半周脉宽不一致、逆变电路输入直流电源电压波动等是影响半桥式逆变电路磁通平衡的主要因素。由于铁心工作磁通不平衡、铁心剩磁及磁滞等因素的影响，半桥式逆变电路主变压器铁心基本不可能工作在理想磁平衡状态。主变压器铁心单向偏磁饱和时，原边电流将在瞬间增大数倍，若保护不当，则有可能损坏开关管或变压器。

（2）主变压器工作状态对铁心材料和 PWM 控制方式提出了较高要求。在尽量保证主回路器件的一致性和 PWM 信号正、负半周相等的前提下，需附加保护电路和偏磁抑制电路防止偏磁饱和电流过大，从而损坏主开关管或主变压器。

（3）针对半桥逆变电路因正、负脉冲宽度差异等因素引起的磁平衡与磁不平衡过程建立了动态模型。在动态模型的基础上，对不同负载状况下的磁平衡与磁不平衡过程作了具体分析。本书设计的开关管驱动脉冲差异试验获得了半桥电路从磁平衡状态到出现磁密饱和过程的完整波形，试验发现偏磁饱和电流并不一定都是出现在脉宽占空比大的一侧。利用所提出的动态模型对试验过程进行理论计算分析，所得分析计算结果与实际试验结果大致相符。

（4）在对主变压器磁工作状态分析的基础上，基于原边电压或电流积分结合电子开关逻辑控制设计了一种主变压器偏磁状态检测电路。

（5）设计专用的自动平衡电路使磁通量强制平衡，是解决桥式逆变电路抗偏磁问题的最佳途径之一。在双端 PWM 微处理器逻辑生成法中，利用偏磁检测信号调制所生成的双端 PWM 信号使正、负半周脉宽发生差异来抑制偏磁饱和。数字逻辑生成法抑制偏磁与传统的偏磁饱和关断保护相配合，有效保证了逆变电路主回路安全可靠地运行。

第5章

电流特征参数一元化调节协调匹配

焊接过程中焊缝熔池的形成是电弧热输入等因素综合作用的结果，焊缝成形效果直接影响着焊接接头质量的优劣。在手动焊接场合，操作者经常需要根据实际情况及时调节焊接电流特征参数大小，从而改变电弧热输入作用效果，达到改善焊缝成形和提高焊接质量的目的。然而，在该新型焊接工艺中，影响焊缝所获得热输入的电流特征参数很多，仅仅以某一个电流特征参数为调节量去改变电弧热-力综合作用的方法，无法充分发挥超音频脉冲方波 TIG 焊接技术的工艺特点和优势，需要确立合适的电流特征参数作为调节量。调节过程中其他电流特征参数能自动与之匹配，实现电流特征参数的一元化调节协调匹配功能，并且使工艺参数呈现较强的热-力综合作用效果，从而获得满意的焊接质量。本章将通过焊接工艺试验分析电流特征参数对焊缝成形和电弧压力的影响规律，确定电流特征参数选取原则，在此基础上给出电流特征参数一元化调节协调匹配实施方案，为实现焊机工艺参数自动给定和开展自动焊接奠定基础。

5.1 试验研究方案

5.1.1 复合超音频脉冲方波变极性 TIG 焊电流特征参数

图 5-1 所示为理想复合超音频脉冲方波变极性电流波形，正极性电流和负极性电流持续时间分别为 t_P 和 t_N。在正极性电流持续 t_P 期间，焊接电流由高频直流脉冲方波构成，单周期内脉冲基值电流 I_b 和峰值电流 I_p 持续时间分别为 T_b 和

T_p。电流极性变换频率 f_L($f_L = 1/(t_P + t_N)$)、变极性占空比 δ_L($\delta_L = t_P/(t_P + t_N)$)、脉冲电流幅值 I_{pc}($I_{pc} = I_p - I_b$)、脉冲频率 f_H($f_H = 1/(T_p + T_b)$)以及脉冲电流占空比 δ($\delta = T_p/(T_p + T_b)$)均可独立精确控制调节。

在理想条件下,在正极性电流持续时间内,超音频脉冲方波变极性 TIG 电流可等效为一系列的高频直流脉冲方波电流。高频直流脉冲方波平均电流 I_{avg} 可按照式(5-1)进行计算:

$$I_{avg} = (1 - \delta)I_b + \delta I_p \tag{5-1}$$

电弧输入电功率使焊接电弧上产生传递给焊缝的热输入能量,并使电弧表现出对焊接试件的电弧压力。正极性电流持续期间,电流平均值或者有效值的改变,均会直接影响电弧输入功率和电弧压力的大小。在电弧输入功率相当的情况下,脉冲频率、脉冲占空比以及脉冲电流幅值等参数的改变,还会使焊接电弧形态发生变化,从而影响焊接电弧所表现出的电弧压力,并对熔池形态产生重要影响。因此,在调节电流特征参数改善焊缝成形过程中,电流特征参数一元化调节功能的实现,首先要确定合适的电流特征参数为调节量,使电弧输入功率跟随调节量发生有效变化,从而改变焊缝热输入和焊接电弧压力;其次,要在电弧输入功率相当的情况下,合理匹配其他电流特征参数,使得焊接电弧呈现较好的电弧压力作用效果。为此,需要分析电弧输入功率的影响因素以及电流特征参数对焊接电弧和电弧压力的影响规律。

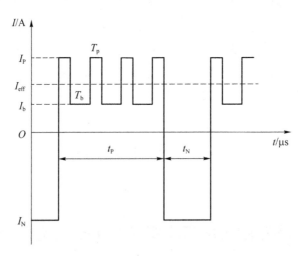

图 5-1　理想复合脉冲方波变极性电流波形示意图

根据 G. E. Cook 等人的研究结果,直流脉冲方波电弧电流 i 与电弧电压 v 的关系满足:

$$v = B_1 i + B_2 + B_3/i + B_4 L_A \tag{5-2}$$

其中：B_1、B_2、B_3、B_4 是与钨极形状、工件材料种类以及保护气体等影响因素相关的常数项；L_A 是电弧长度。

在正极性电流持续期间，电弧平均输入功率 P_P 为：

$$P_P = \frac{1}{T} \int_0^T [v(t)i(t)] \mathrm{d}t \tag{5-3}$$

将式(5-2)代入式(5-3)中，可得：

$$P_P = \frac{1}{T} \int_0^T [B_1 i^2(t) + (B_2 + B_4 L_A)i(t) + B_3] \mathrm{d}t \tag{5-4}$$

对应图 5-1 所示电流波形，正极性电流持续期间，产生的平均输入功率 P_P 可进一步展开为：

$$P_P = B_1[\delta(I_P)^2 + (1-\delta)(I_b)^2] + (B_2 + B_4 L_A)[\delta I_P + (1-\delta)I_b] + B_3 \tag{5-5}$$

而正极性电流持续期间直流脉冲方波有效电流 I_{eff} 可表示为：

$$I_{\mathrm{eff}} = \sqrt{(1-\delta)(I_b)^2 + \delta(I_P)^2} \tag{5-6}$$

根据式(5-1)和式(5-6)表示的高频直流脉冲方波平均电流 I_{avg} 和有效电流 I_{eff} 的表达式，可将式(5-5)得到的平均输入功率 P_P 也可表示成：

$$P_P = B_1(I_{\mathrm{eff}})^2 + (B_2 + B_4 L_A)I_{\mathrm{avg}} + B_3 \tag{5-7}$$

在式(5-5)中各常数项的典型取值为：$B_1 = 0.012$，$B_2 = 5.2$，$B_3 = 171$，$B_4 = 0.6$，试验过程中弧长 L_A 为 3 mm，将各常数项取值代入式(5-7)可得：

$$P_P = 0.012(I_{\mathrm{eff}})^2 + 7 I_{\mathrm{avg}} + 171 \tag{5-8}$$

由式(5-8)可知，正极性电流持续期间，电弧平均输入功率 P_P 由有效电流 I_{eff} 和平均电流 I_{avg} 共同决定。结合所研制的焊机的性能指标(脉冲基值电流调节范围 5～250 A，脉冲峰值电流调节范围 5～500 A)，可知电弧平均电流 I_{avg} 对电弧平均输入功率 P_P 的影响更大。因此，需要改变电弧平均输入功率 P_P 时，可选择以电弧平均电流 I_{avg} 为调节量使电弧平均输入功率相应发生变化。另外，根据上述分析，在试验研究过程中，为保证在电弧平均输入功率基本一致条件下试验研究各电流特征参数对电弧压力以及焊缝成形的影响，也应保证各焊接工艺中电弧平均电流 I_{avg} 基本相等。

由式(5-1)可知，对应相同的电弧平均电流 I_{avg} 取值，脉冲占空比 δ、基值电流 I_b 和峰值电流 I_P 有许多不同组合，而不同组合下电弧平均电流虽然相同，且电弧平均功率也基本不变，但焊接电弧呈现出的电弧压力差异会导致焊缝成形效果明显不同。另外，与平均电流大小无关的其他电流特征参数(如变极性频率和脉冲频率)的变化，也会改变焊接电弧呈现出的电弧压力，从而影响焊缝成形。故在一元化调节方案中,选择以电弧平均电流 I_{avg} 为目标调节量后,在给定的电弧平均电流 I_{avg} 下,应合理匹配其他电流参数,使该电流特征参数组合下电弧呈现较佳的热-力综合作用效果,从而达到以较低电弧输入功率获得满意的焊缝成形的效果。为此,本书将通过电弧压力试验和焊缝成形试验,研究主要电流特征参数对电弧压力和焊缝成形的影响规律,从而确定出电流特征参数的取值范围,为实现电流特征参数一元化调节提供理论依据。

从图 5-1 可以看出,超音频脉冲方波变极性 TIG 焊电流特征参数可分为两类,即变极性电流参数和高频脉冲方波电流参数。近年来,国内外学者针对变极性电流正、负极性持续时间 t_P、t_N 以及负极性电流 I_N 等特征参数对铝合金变极性电弧焊接过程的影响已经开展了较为深入的研究,并获得了比较满意的结果。本书作者所在课题组前期也开展了变极性频率等参数对焊接电弧行为以及焊接质量影响方面的基础工作,本书不再开展变极性电流特征参数对焊接效果影响方面的研究工作。

5.1.2 焊接试验材料

铝合金材料的分类方法有很多种,通常按照铝合金的化学成分和制造工艺可以分为变形铝合金和铸造铝合金两大类,其中变形铝合金又可以分为非热处理强化和热处理强化铝合金,如图 5-2 所示。随着材料科学等技术的不断发展,铝合金材料的比强度、比模量和耐腐蚀性等方面性能得到大幅度提高,以美国的 7050 和 7055 铝合金为例,7050 和 7055 铝合金的强度均超过了 650 MPa,该类合金也集中了铝合金的主要科学问题。

与其他焊接结构材料相比较,铝合金的电弧熔化焊接主要具有以下几个方面的特点。

(1) 容易氧化。铝合金极容易被氧化,在其表面生成一层致密难熔的氧化膜（Al_2O_3),Al_2O_3 的熔点高达 2 050℃(纯铝的熔点仅为 660℃)。铝合金表面氧化膜的存在严重阻碍了基体金属的熔化,要求在焊前必须严格清理铝合金焊接试件表面的氧化膜。

(2) 高热导率。铝合金的热导率、比热容以及熔化潜热都很大,因此在焊接时必须采用能量集中的强热源。与此同时,铝合金又极容易造成某些低沸点合金元素在焊接过程中蒸发和烧损的增加,导致焊接接头金属的化学成分发生改变,焊接接头性能下降。

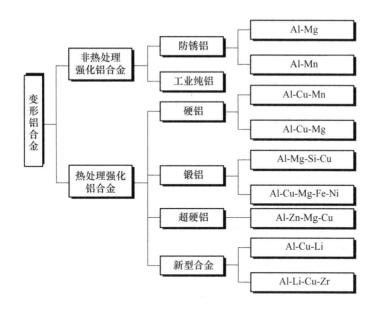

图 5-2　变形铝合金材料分类

（3）容易形成裂纹。焊接裂纹是焊接接头的主要缺陷之一。铝合金的线膨胀系数和结晶收缩率比较大，是钢材料的 2 倍，因此在焊接过程中容易产生较大的焊接变形和内应力，从而形成焊接裂纹。

（4）容易形成焊接气孔。气孔缺陷的存在将大大降低焊接接头的力学性能。氢的存在是铝合金焊接气孔形成的主要原因，铝合金焊缝熔池液态金属可以溶解大量的氢（0.69 mL/100 g），而固态铝几乎不溶解氢（0.036 mL/100 g），在这两种情况下氢的溶解度相差约 20 倍（在钢材料中仅相差不到 2 倍），同时铝合金还具有高热导率，即在相同工艺条件下，铝合金熔池液态金属的冷却速度为钢的 4～7 倍，因此就容易造成在高温条件下吸收的大量氢气体在冷却过程中来不及析出而形成焊接气孔。

（5）焊接过程中无明显色泽变化。铝合金从低温至高温、从固态变成液态时没有明显的颜色变化，因此很难从色泽变化上判断铝合金焊接试件的加热状况，给焊接过程中的操作带来了很大的困难。

由于存在上述的焊接特点和困难，铝合金的电弧熔化焊接工艺大体经历了直流 TIG 焊接（主要包括直流正接钨极氩弧焊、直流反接钨极氩弧焊、直流正接钨极氦弧焊等）和交流 TIG 焊接（主要包括方波交流 TIG 焊和交流脉冲 TIG 焊）的变化过程，另外还包括目前广泛开展研究的变极性 TIG 焊接（Variable Polarity TIG，VPTIG）、变极性等离子弧焊接（Variable Polarity Plasma Arc Welding，

VPPAW)、电子束焊接（Electron Beam Welding，EBW）、搅拌摩擦焊接（Friction Stir Welding，FSW）、激光束焊接（Laser Beam Welding，LBW）等新型焊接工艺。需要注意的是，尽管各种高能束流和固态连接等特种焊接加工技术都取得了比较大的进步，但是 TIG 电弧焊接工艺仍然因其电弧稳定性好、操作简便、可达性好、工艺柔性佳、焊接质量较高而且成本较低等诸多优点而得到了广泛的应用。目前，国内高强度铝合金构件的基本焊接工艺仍然普遍采用交流 TIG 焊接技术，我国现役运载火箭的推进剂低温燃料贮箱主要还是采用方波交流 TIG 焊接工艺，而且在今后相当长一段时期内，TIG 焊接将仍然是低温燃料贮箱等主要铝合金构件焊接生产中的重要焊接方法，也是手工焊和手工补焊的必备焊接工艺。

为了研究新型超高频脉冲方波电弧焊接工艺方法的适用性能及其对铝合金和钛合金材料焊接质量的影响，课题组选取 5A06（热处理状态为退火 O 态）、2A14（热处理状态为 O 态和 T6 态，T6 态表示母材金属的热处理工艺规范为固溶处理后再进行人工时效）、2219（热处理状态为 O 态和 T87 态，T87 态表示母材金属的热处理工艺规范为固溶处理后，经 7% 冷加工冷变形，然后进行人工时效）三种铝合金材料作为焊接试验对象，分别开展相关试验研究工作。填充焊丝分别选用直径为 2.4 mm 的 ER5356（适用于 5A06 铝合金）和 ER2319（适用于 2A14 和 2219 铝合金）。5A06、2A14 和 2219 三种铝合金母材金属及填充焊丝的主要化学成分如表 5-1 所示。

表 5-1　铝合金母材及填充焊丝主要化学成分（质量分数，%）

牌号	Si	Zr	Cu	Mn	Mg	Zn	Ti	Al
5A06	0.4	—	0.1	0.5~0.8	5.8~6.8	0.2	0.02~0.10	余量
2A14	0.6~1.2	—	3.9~4.8	0.4~1.0	0.4~0.8	0.3	0.15	余量
2219	0.2	0.10~0.25	6.28	0.2~0.4	0.02	0.1	0.02~0.10	余量
ER5356	0.25	—	0.1	0.05~0.2	4.5~5.5	0.1	0.06~0.20	余量
ER2319	0.04	0.12	5.96	0.3	—	0.1	0.17	余量

5.2　复合超音频脉冲变极性电弧行为

在电弧焊接过程中，焊接电弧既是一个热源（加热、熔化填充焊丝和母材），也是一个力源（焊缝熔深、熔池搅拌和焊缝成形等），对焊接质量将产生直接的影响。熟悉并掌握电弧相关基础行为（电弧电学特性、电弧工作形态及稳定性等），可实现对焊接电弧的有效控制和调节,有助于获得满意的电弧焊接质量。

5.2.1 HPVP-TIG 电弧电学特性

以 TIG 焊接电弧作为电源输出端负载,利用 TPS2014 数字式示波器和 CHB-300SF 霍尔电流传感器获得焊接输出回路中的电弧电流波形,同时利用 TPS2014 数字式示波器直接从 TIG 焊枪和焊接试验工件两端获得电压信号。需要注意的是,由于高频脉冲信号对其传输回路电感等因素比较敏感,极易受其影响而发生畸变,尤其在试验测试过程中焊接输出回路均采用普通电缆连接,回路电感量比较大,对高频脉冲信号的影响更为严重。为了降低焊接输出回路对实际电弧电压信号的影响,提高测量结果的准确性,采用如图 5-3 所示的测试方法,即将从 TIG 焊枪和焊接试验工件两端直接获取的电压信号 U_1 经过一阶 RC 低通滤波电路进行滤波处理,处理后的电压信号 U_2 进入数字式示波器采集通道,在超高频脉冲方波电流持续期间,获取电压信号 U_2 的多个脉冲周期,并计算多个脉冲周期脉冲峰值电压的平均值,用该平均电压值来表征实际超高频脉冲 TIG 电弧的脉冲峰值电压 U_{PP}。另外,在电弧脉冲峰值电压测试过程中,为了保证数据测试的准确性,低通 RC 滤波电路的参数匹配是一个关键因素,其电路时间常数 $\tau(\tau=RC)$ 的大小必须根据超高频脉冲方波电流单个脉冲持续时间的长短进行恰当选择。

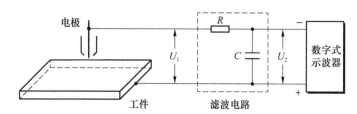

图 5-3 超音频脉冲 TIG 电弧电压测试图

1. 变极性电流频率对电学特性的影响

图 5-4 所示为不同电流极性变换频率条件下电弧电流 I_a 和电弧电压 U_a 的波形,其中曲线 1 为电弧电压 U_a,曲线 2 为电弧电流 I_a,电流特征参数为:$I_P=80$ A,$I_N=120$ A,$t_P:t_N=8:2$。由图中 U_a 和 I_a 的波形可知,I_a 和 U_a 均具有较好的连续性,表明电弧在电流快速过零和极性变换期间能够可靠稳定地燃烧。由图中 I_a 和 U_a 曲线还可以看出,快速变换 VPTIG 电弧电压 U_a 和电流 I_a 基本为一对同步方波,不存在相位差,因而可将电弧等效为一个纯阻性金属导体,且其等效电阻 R_a 在

数值上满足 $R_a = U_a / I_a$。

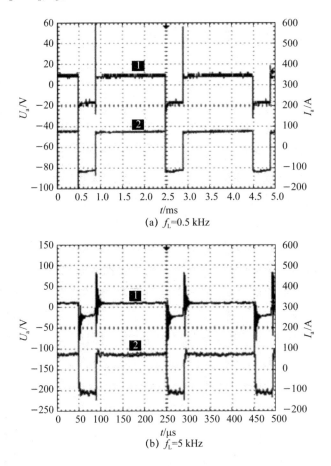

图 5-4　快速变换 VPTIG 电弧电压和电流波形

试验材料选择 3 mm 的 5A06-O 平板，采用表 5-2 中所列焊接试验参数（其中，$d_{W\text{-}Al}$ 表示钨电极顶端与铝合金试件的距离）考察电流极性变换频率 f_L 对快速变换 VPTIG 电弧电学特性的影响。保持其他电流特征参数不变，只改变电流极性变换频率 f_L（0.1～20 kHz），分别获得 VPTIG 正、负极性电弧电压 U_P、U_N 与变极性电流频率 f_L 之间的变化关系，如图 5-5 所示。可以看出，在电弧长度 $L_a = 3$ mm 不变条件下，U_P 和 U_N 随 f_L 的增加基本呈线性增长，U_P 由 $f_L = 0.1$ kHz 时的 7.5 V 增加至 $f_L = 20$ kHz 的 12.5 V，U_N 由 $f_L = 0.1$ kHz 时的 18 V 增加至 $f_L = 20$ kHz 的 30 V。但是，在几百 Hz 频率范围内（0.1～0.5 kHz），变极性电流频率的增加对电弧正、负极性电压的影响并不明显，电弧电压变化量为 1～2 V。

表 5-2　快速变换 VPTIG 电弧电学特性测试参数

工艺参数	符号	大小	单位
正极性电流	I_P	80	A
负极性电流	I_N	120	A
持续时间比	$t_P : t_N$	8:2	—
保护气流量	v_{Ar}	12	$L \cdot min^{-1}$
电极种类	—	WC20 Φ2.4 mm	—
电极高度	d_{W-Al}	3	mm

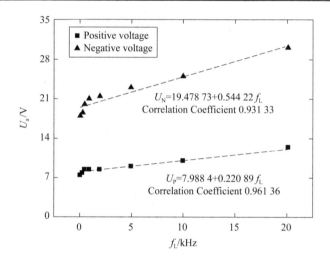

图 5-5　快速变换 VPTIG 电弧电压 U_a 与 f_L 的关系

快速变换 VPTIG 电弧具有显著的纯阻性负载特征且满足 $R_a = U_a / I_a$,因而可得到 VPTIG 电弧等效电阻 R_a 与 f_L 之间的关系,如图 5-6 所示。在电弧长度 $L_a = 3$ mm 不变条件下,电弧正、负极性等效电阻 R_P 和 R_N 随 f_L 的增加也基本呈线性增长,R_P 由 $f_L = 0.1$ kHz 时的 0.094 Ω 增加至 $f_L = 20$ kHz 时的 0.156 Ω,R_N 由 $f_L = 0.1$ kHz 时的 0.150 Ω 增加至 $f_L = 20$ kHz 时的 0.250 Ω。

分析认为,由于焊接电弧本质上就是一种由电子和阳离子等带电粒子组成的气态导电体,当电流流过弧柱时,电流自身产生的磁场与电流相互作用产生的电磁力作用会使弧柱气体产生自收缩效应,即导致弧柱沿径向收缩。当弧柱中流过变极性方波电流时,弧柱中的气体将受到交变电磁力作用,f_L 越高,交变电磁力作用越强,使得 VPTIG 电弧的收缩效应增强,并导致 VPTIG 电弧电压及其等效电阻的明显提高。另外,在电流特征参数相同条件下,负极性电弧电压 U_N 明显高于正极性电弧电压 U_P,且 R_N 也明显高于 R_P,这是由于钨电极和铝合金两种不同电极材料的电、热物理性能和几何尺寸的明显差异而导致不同极性期间电弧弧柱区电导率、电场强度和电弧电压等方面的差异，造成电弧负载特性的不一致。

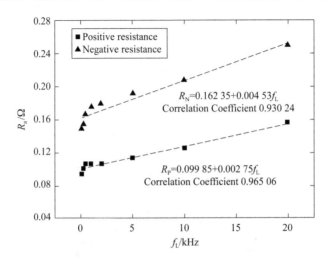

图 5-6　快速变换 VPTIG 电弧等效电阻 R_a 与 f_L 的关系

2. 超高频脉冲电流对电学特性的影响

分别选择不同水平的脉冲电流频率 f_H 和脉冲电流比例系数 φ_P，在保证正极性平均电流 I_{avg} 和有效电流 I_{eff} 均处于一定波动范围条件下，试验研究 HPVP-TIG 电弧正极性脉冲峰值电压 U_{PP} 的变化规律。试验工件为 3 mm 厚 5A06-O 铝合金平板，具体试验参数和脉冲电流比例系数 φ_P 的设计分别如表 5-3 和表 5-4 中所列，正极性平均电流 I_{avg} 和有效电流 I_{eff} 均为（95±3）A。保持电流极性变换频率不变，脉冲电流频率 f_H 为 10～80 kHz，共 5 个水平。快速变换 HPVP-TIG 电弧正极性脉冲峰值电压 U_{PP} 与脉冲电流频率 f_H 和脉冲电流比例系数 φ_P 之间的关系如图 5-7 所示。

表 5-3　HPVP-TIG 电弧电学特性测试参数

工艺参数	符号	大小	单位
变极性频率	f_L	0.1	kHz
负极性电流	I_N	130	A
持续时间比	$t_P:t_N$	8:2	—
保护气流量	v_{Ar}	16	L·min^{-1}
焊接速度	v_W	200	mm·min^{-1}
电极种类	—	WC20 Φ3.0 mm	—
电极高度	d_{W-Al}	3	mm

表 5-4 脉冲电流比例系数设计

序号	φ_P	I_{avg}/A	I_{eff}/A	I_b/A	I_P/A	$\delta/\%$
1	0.438	92	95	80	140	20
2	1.714	95	98	70	120	50
3	4.278	95	98	60	110	70

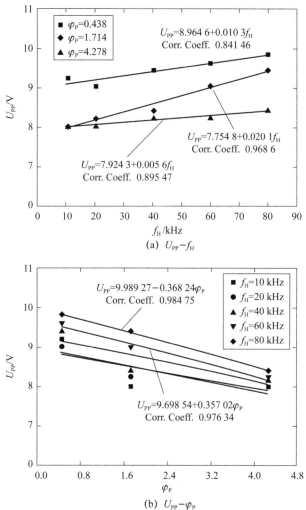

(a) $U_{PP}-f_H$

(b) $U_{PP}-\varphi_P$

图 5-7 HPVP-TIG 电弧正极性脉冲峰值电压变化曲线

分析图 5-7(a)和图 5-7(b)中 HPVP-TIG 电弧正极性脉冲峰值电压 U_{PP} 与 f_H 和 φ_P 两个参数之间的变化关系,可以得出如下结论。

(1) 保持脉冲电流比例系数 φ_P 不变,U_{PP} 与 f_H 之间基本呈线性增长关系,f_H

增大,脉冲峰值电压 U_{PP} 随之升高。当 $\varphi_P = 1.714$ 时,f_H 对 U_{PP} 的影响作用最显著,U_{PP} 与 f_H 之间呈显著线性增长关系,相关系数 R 达到 0.97;当 $\varphi_P = 4.278$ 时,f_H 对 U_{PP} 的影响作用明显减小,f_H 从 10 kHz 增加至 80 kHz,U_{PP} 几乎保持不变。

(2) 保持脉冲电流频率 f_H 不变,当 $f_H \geqslant 60$ kHz 时,U_{PP} 与 φ_P 之间呈显著线性递减关系,相关系数 R 分别达到 0.98 和 0.99;当 $f_H \leqslant 40$ kHz,$\varphi_P = 1.714$ 或 $\varphi_P = 4.278$ 时,U_{PP} 较小且基本保持不变,当 $\varphi_P = 0.438$ 时,U_{PP} 大幅上升。

对于以上 U_{PP} 与 f_H、φ_P 之间的试验测试结果,分析认为,在正极性电流持续期间加入具有快速上升沿和下降沿的变化速率($di/dt \geqslant 50$ A/μs)的超高频脉冲方波电流,电弧弧柱部分由于受到自身脉动电磁力作用而发生收缩,产生高频压缩效应,首先就表现在脉冲峰值电压的升高。脉冲电流频率越高,叠加脉冲电流幅值越大,单周期内脉冲电流持续作用时间越短,即脉冲占空比越小,压缩效应就越明显,对应 HPVP-TIG 电弧的正极性脉冲峰值电压 U_{PP} 也就越高。

5.2.2　HPVP-TIG 电弧工作形态及其稳定性

利用数码摄像采集系统(安装位置如图 5-8 所示)采集超音频脉冲方波焊接 TIG 电弧的工作形态(采集频率 30 f/s)。为保证电弧工作形态的稳定性,均在成功引燃电弧并定点燃烧约 5 s 后开始同步移动电弧和摄像采集系统。

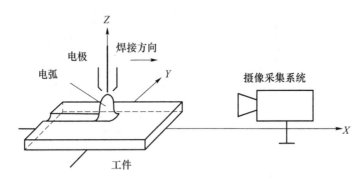

图 5-8　电弧工作形态采集示意图

1. 变极性电流频率对电弧形态及稳定性的影响

焊接试件为 3 mm 厚 5A06-O 铝合金平板,采用表 5-5 中所列试验参数分别获得不同 f_L(0.1~20 kHz)条件下电弧的工作形态,如图 5-9 所示。比较图中电弧的工作形态可以看出,f_L 从 0.1 kHz 增加至 1 kHz 的过程中,VPTIG 电弧弧柱部分发生了比较明显的收缩现象〔图 5-9(a)~(c)〕,电弧工作形态由 0.1 kHz 时的扇形

〔图 5-9(a)〕变化为 1 kHz 时的近似锥形〔图 5-9(c)〕,使得电弧径向尺寸减小。值得注意的是,$f_L=0.5$ kHz 时,电弧在铝合金工件表面就已经出现了明显的偏移摆动,当 f_L 达到 1 kHz 以上时,VPTIG 电弧在铝合金试验工件表面上的偏移摆动现象加剧,电流极性变换频率越高,电弧的偏移摆动半径就越大〔图 5-9(d)~(f)〕,相应地,电弧在工件上的作用范围也明显增加。

表 5-5 快速变换 VPTIG 电弧形态测试参数

工艺参数	符号	大小	单位
正极性电流	I_P	100	A
负极性电流	I_N	120	A
持续时间比	$t_P : t_N$	8:2	—
保护气流量	v_{Ar}	12	L·min^{-1}
焊接速度	v_W	200	mm·min^{-1}
电极种类	—	WC20 Φ2.4 mm	—
电极高度	d_{W-Al}	3.0	mm

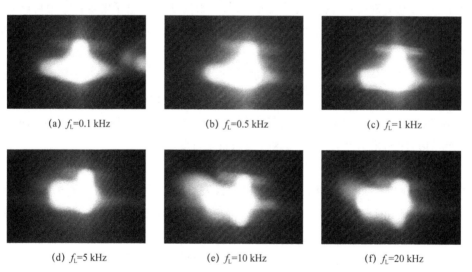

(a) $f_L=0.1$ kHz   (b) $f_L=0.5$ kHz   (c) $f_L=1$ kHz

(d) $f_L=5$ kHz   (e) $f_L=10$ kHz   (f) $f_L=20$ kHz

图 5-9 快速变换 VPTIG 电弧工作形态

针对不同 f_L 条件下电弧工作形态的变化,分析认为:一方面,VPTIG 电弧的清理氧化膜作用只是发生在钨电极为正的负极性期间,在此期间阴极斑点很容易在铝合金表面的氧化膜上形成,在完成某点的氧化膜清理后,电弧会自动寻找其它新的氧化膜并形成新的阴极斑点,使得铝合金工件表面的阴极斑点呈高速游动状态。另一方面,快速变换 VPTIG 电弧的收缩效应使电弧力作用提高,并且对铝合金表面氧化膜的破碎作用增强,从而进一步加快了铝合金表面阴极斑点的形成速率和游动频率,使 VPTIG 电弧表现出偏移正对电极顶端已清除氧化膜的母材表面区域而发生偏移摆动,其偏移方向与铝合金表面氧化膜阴极斑点的旋转方向相同,同时,VPTIG 电弧会在沿电弧前进方向的半圆周范围内呈顺时针或逆时针连续摆动状态,这与试验过程中观察到的实际电弧工作形态变化规律相一致(如图 5-9 所示)。

观察不同 f_L(0.1~20 kHz)条件下快速变换 VPTIG 电弧的工作形态可以发现,尽管在较高频率时电弧发生了严重的偏移摆动,但仍未出现熄弧、断弧等电弧不稳定现象,这就表明快速变换 VPTIG 电弧具有很好的稳定性。一般而言,电流极性变换瞬间电弧能否顺利完成再引弧过程是决定电弧稳定性强弱的关键,而较低电源空载电压条件下的再引弧过程与电弧空间的温度、电离度以及新成为阴极的电极表面的电子发射能力等方面都密切相关。阴极电子的发射主要包括两种机制,一种发射机制为热电子发射,其电流密度可用道舒曼(Dushmann)公式表示为:

$$j_e = AT^2 e^{-eV_w/kT} \tag{5-9}$$

其中:j_e 为电流密度;A 为热电子发射常数;T 为温度;e 为电子电量;V_w 为功函数;k 为玻尔兹曼常数。另一种发射机制为肖脱基效应(Schottky Effect),其电流密度可表示为:

$$j'_e = AT^2 e^{-e(V_w - \sqrt{eX})/kT} \tag{5-10}$$

其中:j'_e 为外加电场作用下产生的电流密度;X 为外加电场的电位梯度。比较式(5-9)和式(5-10)可知,外加电场作用时的热电子流密度是未加电场作用时的 $e^{e\sqrt{eX}/kT}$ 倍,即满足 $j'_e = j_e e^{e\sqrt{eX}/kT}$,这一现象就是肖脱基效应。

由式(5-9)可知,钨极为阴极时的表面热电子发射能力与温度 T 之间呈正指数关系。在 DCEP 期间,钨极为阳极,此时钨极表面温度要高于钨极为阴极时的表面温度,当电流由 DCEP 向 DCEN 变换时,电流极性快速变换且过零无死区时间,钨电极由阳极转变为阴极,钨电极表面由于热惯性将保持较高的温度,因而钨极表面仍具有较强的热电子发射能力,可保证提供足够的电子流维持电弧放电过程。当电流由 DCEN 向 DCEP 变换时,铝合金工件则由阳极转变为阴极,根据描述弧柱中气体的热电离度与气体温度之间关系的沙哈(Saha)公式如下:

$$\frac{x^2}{1-x^2} \cdot P = 3.16 \times 10^{-7} T^{5/2} e^{-eV_i/kT} \tag{5-11}$$

其中:x 为电离度;P 为气体压力;T 为弧柱温度;e 为电子电量;V_i 为电离电位;k 为玻尔兹曼常数。一方面,在电流极性变换瞬间,电流过零无死区时间的快速极性变换可保证电弧空间保持较高的温度,由式(5-11)可知,弧柱空间将具有足够的电离度。另一方面,铝合金阴极自身的热电子发射能力较弱,但在电流极性变换瞬间,铝合金阴极表面将存在由气体热电离形成的充足阳离子源,并形成附加的阴极电场,使得铝合金阴极按照前述的肖脱基效应发射机制提供足够的电子流来维持电弧放电过程。

通过以上分析可知,过零无死区时间且具有快速电流上升沿和下降沿变化速率($di/dt \geqslant 50 \ A/\mu s$)的快速变换变极性方波电流可明显提高 VPTIG 焊接电弧的稳定性,不需要任何稳弧措施即可实现电弧的稳定燃烧。

2. 超高频脉冲电流对电弧形态及稳定性的影响

试验工件选用厚度为 3 mm 的 5A06-O 铝合金平板,具体焊接试验工艺参数以及 f_H 和 φ_P 的设计分别如表 5-6 和表 5-7 所示,分别获得不同脉冲电流频率 f_H 和脉冲电流比例系数 φ_P 条件下快速变换 HPVP-TIG 电弧的工作形态,如图 5-10 所示。

表 5-6　快速变换 HPVP-TIG 电弧形态试验参数

工艺参数	符号	大小	单位
变极性频率	f_L	0.1	kHz
负极性电流	I_N	160	A
持续时间比	$t_P : t_N$	8:2	—
保护气流量	v_{Ar}	15	L·min^{-1}
焊接速度	v_W	200	mm·min^{-1}
电极种类	—	WC20 Φ3.0 mm	—
电极高度	d_{W-Al}	3	mm

表 5-7　脉冲电流比例系数和脉冲电流频率设计

组别	φ_P	I_{avg}/A	I_{eff}/A	f_L/kHz	f_H/kHz	I_b/A	I_P/A	$\delta/\%$
a	—	130	130	0.1	—	—	130	—
b	1.500	125	127	0.1	10	100	150	50
c	1.500	125	127	0.1	20	100	150	50
d	1.500	125	127	0.1	40	100	150	50
e	0.375	110	112	0.1	20	100	150	20
f	0.500	120	126	0.1	20	100	200	20

对比不同 f_H 和 φ_P 条件下 HPVP-TIG 电弧的工作形态,与未加入超高频脉冲方波电流的电弧工作形态相比(图 5-10(a)),加入脉冲电流后,HPVP-TIG 电弧形

态明显收缩(图 5-10(b)～(f)),f_H 越高,φ_P 越小,收缩现象越明显,电弧径向尺寸越小。分析认为,超高频脉冲方波电流通过电弧时可产生高频压缩效应,使得 HPVP-TIG 电弧沿径向收缩,电弧工作形态随之发生变化。另外,在叠加超高频脉冲方波电流后,电弧电流密度也将发生脉动变化,脉冲电流频率越高,单周期内持续作用时间越短,电流上升沿和下降沿的变化速率越快,电流密度的脉动变化也就越强烈,根据电磁学理论,HPVP-TIG 电弧受自身脉动电磁力作用就越大,其径向收缩作用也就越显著。

另外,图 5-10(f)($f_H = 20\ \text{kHz}$,$\varphi_P = 0.500$)与图 5-10(c)($f_H = 20\ \text{kHz}$,$\varphi_P = 1.500$)相比较,脉冲电流幅值 I_{PC}($I_{PC} = I_P - I_b$)由 50 A 增加至 100 A,同时脉冲占空比 δ 由 50% 减小至 20%,即 φ_P 由 1.500 减小至 0.500,HPVP-TIG 电弧的收缩现象更加明显。

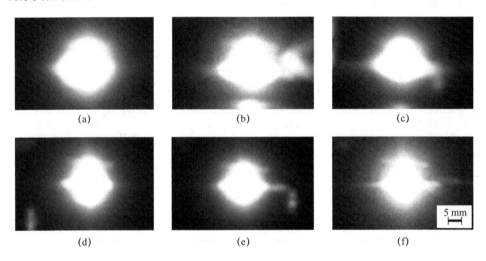

图 5-10   快速变换 HPVP-TIG 电弧工作形态

5.3   脉冲电流特征参数对电弧压力的影响

电弧压力是影响焊缝成形的主要因素,在复合超音频脉冲 VPTIG 焊接工艺中,电弧压力随极性变换而相应发生变化,但正极性期间电弧压力在变极性电弧压力中占主导地位,且脉冲电流主要影响正极性期间的电弧压力。在正极性期间,电弧压力除了与正极性阶段电流平均值直接相关外,也受电弧形态变化的影响,而脉冲频率、脉冲占空比以及脉冲电流幅值的变化均会对电弧形态造成不同程度上的影响。试验研究高频脉冲电流特征参数对电弧压力的影响规律,有助于研究电流特征参数对焊缝成形的作用机制。

试验中以平均电弧压力的变化来衡量脉冲电流参数对电弧压力的影响。为检测平均电弧压力,搭建了基于传感器连续测量法的检测平台,平台采用性能优异的电阻应变桥式称重传感器,将工件因电弧压力而引起的电阻变化转化成差分电压信号输出,实现了最大称重为 1 100 g,最小分度为 0.01 g 的电弧压力检测。测量结果可通过液晶显示器显示,也可通过无线数传模块送至上位机进一步分析处理。

试验材料选用 4 mm 厚的 2219(Al-Cu-Mn 系)高强硬铝合金板材,试样尺寸为 80 mm×50 mm,热处理状态为 T87,即固溶处理+7%冷变形+人工时效。焊前采用丙酮有机溶剂擦拭去除试件表面的油污,然后采用化学清理方法(10%NaOH+ 15%HNO3)去除表面氧化膜。钨极使用 Φ3 mm 铈钨 W-2%Ce;保护气体采用 99.99%普通氩气。试验过程中,在满足电弧热输入的条件下,为尽量减少热输入差异给电弧压力及焊缝成形带来的影响,应使各种工作条件下正极性持续期间电流平均值 I_{avg} 基本保持一致。

5.3.1 脉冲电流频率对电弧压力的影响

将试样分为两组,第一组采用叠加高频脉冲的 VPTIG 焊接工艺;第二组采用普通变极性焊接工艺。第一组焊接试样主要工艺参数为:变极性频率和占空比分别为 100 Hz 和 80%;正向基值电流为 65 A;正向峰值电流为 145 A;反向电流为 140 A;弧长为 3 mm;保护气流量为 15 L/min。在高频脉冲占空比 $\delta=50\%$ 下,对脉冲频率 f_H 分别为 5 kHz、10 kHz、20 kHz、40 kHz、60 kHz、80 kHz 时的电弧压力进行测量,以观测电弧压力随脉冲频率的变化趋势。第二组正向电流为 115 A,反向电流为 140 A,其他参数与第一组相同。

在脉冲电流占空比 $\delta=50\%$ 条件下电弧压力随脉冲电流频率变化关系如图 5-11 所示,图中 $f_H=0$ 处对应的电弧压力即为普通变极性电流作用下的电弧压力,该值为 4.2 mN;当脉冲频率 f_H 为 5 kHz 时电弧压力提高到 7.5 mN,与未叠加高频脉冲的普通变极性焊接工艺所测量的电弧压力相比,电弧压力明显增加,提高了约 78%;在叠加高频脉冲后,在脉冲频率为 20 kHz 处获得的电弧压力较低,约为 6.6 mN,但与普通变极性相比,电弧压力也提高了约 57%。从图中也可看出,当脉冲频率 f_H 由 5 kHz 向超音频段增加时,电弧压力随之减小;f_H 从超音频段继续增加时,电弧压力在一定范围内小幅波动。电弧压力在 $f_H=40$ kHz 处出现最大值,约为 9.7 mN。

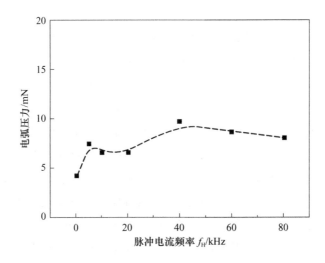

图 5-11 电弧压力与脉冲电流频率变化关系($\delta=50\%$)

5.3.2 脉冲电流占空比对电弧压力的影响

将试样分为 3 组,主要焊接参数设定如表 5-8 所示,其他焊接工艺参数与 5.4.1 小节相同。在脉冲频率 $f_H=5\,kHz$、$20\,kHz$、$40\,kHz$、$60\,kHz$ 时,分别对占空比 $\delta=20\%$、50% 以及 80% 三种情况下的平均电弧压力进行测量,得到的不同频率下电弧压力随占空比变化关系如图 5-12 所示。由图 5-12 可知,在同一脉冲频率下,电弧压力随着占空比的增加呈逐渐下降趋势。当 δ 在 20% 到 50% 区间变化时,电弧压力随占空比的增加明显降低,而 δ 在 50% 到 80% 区间变化时,电弧压力依然呈下降趋势,但变化趋势较之前平坦。从图 5-12 也可看出,在占空比较小时,提高脉冲频率可明显提高电弧压力;但当占空比高于 50% 时,提高频率对增加电弧压力无太大意义。当占空比为 80% 以上时,叠加的脉冲电流波形与普通变极性已十分接近,因此该工作条件下,电弧行为等同于普通变极性电流作用下的电弧行为。

表 5-8 复合脉冲 VPTIG 主要焊接工艺参数

试验组号	正极性基值电流 I_b/A	正极性峰值电流 I_P/A	反极性电流 I_N/A	占空比 δ/%
1	90	190	140	20
2	65	145	140	50
3	65	125	140	80

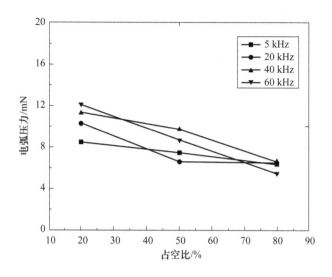

图 5-12 电弧压力与占空比的关系

5.3.3 脉冲电流幅值对电弧压力的影响

将试样分为 3 组,主要焊接参数设定如表 5-9 所示,其他焊接工艺参数与 5.4.1 小节相同。在脉冲频率 $f_H = 20\,kHz$、$40\,kHz$ 时,保持正极性期间电流平均值不变,分别对脉冲电流幅值分别为 40 A、80 A 以及 120 A 三种情况下的平均电弧压力进行测量,得到的不同频率下电弧压力随脉冲电流幅值变化关系如图 5-13 所示。

表 5-9 复合脉冲 VPTIG 主要焊接工艺参数

试验组号	正极性基值电流 I_b/A	正极性峰值电流 I_P/A	反极性电流 I_N/A	占空比 δ/%
1	85	125	140	50
2	65	145	140	50
3	45	165	140	50

由图 5-13 可知,在两种不同脉冲频率下,电弧压力均随着脉冲电流幅值的增大呈明显增加趋势。在 $f_H = 40\,kHz$ 时,脉冲电流幅值从 40 A 增加到 120 A,对应电弧压力增加了约 26%,从 8.4 mN 提高到 10.6 mN。与 $f_H = 20\,kHz$ 相比,在 $f_H = 40\,kHz$ 时提高脉冲电流幅值对增加电弧压力效果更显著。

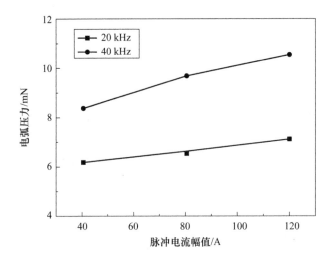

图 5-13　电弧压力与脉冲电流幅值变化关系

5.3.4　脉冲电流参数对电弧压力的影响规律分析

焊接电弧作用于工件表面的电弧压力包括电磁力、等离子流力和斑点压力等，其中电磁力和等离子流力是电弧力的主要组成部分，由于等离子流力占据 80% 以上，故其对工件表面的作用更为显著。垂直于电弧轴向的电磁力径向分量主要影响电弧形态并压缩电弧至稳定状态，而电磁力轴向分量则与等离子流力轴向分量共同作用于熔池表面对焊缝成形产生影响。在正极性电流持续期间，轴向电磁力 F_{ZV} 可表示为：

$$F_{ZV} = \frac{\mu}{4\pi}(I_{eff})^2 \ln \frac{R_b}{R_a} \tag{5-12}$$

其中：μ 为电弧空间磁导率，其值约为 4×10^{-7} H/m；R_b 为锥形弧柱下截面半径；R_a 为锥形弧柱上截面半径，即为钨极端部，故可认为 R_a 恒定。

将式（5-6）代入式（5-12）中可将电磁力轴向分量表示为：

$$F_{ZV} = \frac{\mu}{4\pi}\big[(1-\delta)(I_b)^2 + \delta(I_p)^2\big]\ln \frac{R_b}{R_a} \tag{5-13}$$

焊接电弧中等离子流力的径向分布一般认为呈双面指数分布或者是高斯分布，在弧长 2 mm 以上条件下，等离子流力更趋近于双面指数分布，故在本试验过程中（弧长 3 mm）认为等离子流力为双面指数分布，则在包含电弧轴线的轴向截面

上,等离子流力 F_r 可表示为:

$$F_r = F_{max} \exp(-\alpha |r|) \tag{5-14}$$

其中,F_{max} 为电弧轴线上等离子流力峰值;α 为分布曲线集中系数;r 为径向坐标值。

电弧下截面区域所受等离子流力平均值为:

$$\bar{F} = \int_0^\pi \int_{-R_b}^{R_b} \frac{1}{2r} F_r \mathrm{d}r \mathrm{d}\theta \tag{5-15}$$

将式(5-14)代入式(5-15)中可得:

$$\bar{F}_r = \frac{\pi \alpha^2 F_{max}}{2R_b^2} \int_0^{R_b} \frac{r^3}{1 - e^{-ar}(1 + ar)} e^{-ar} \mathrm{d}r \tag{5-16}$$

与常规变极性 TIG 焊接工艺相比,超音频脉冲方波变极性 TIG 焊接工艺会使电弧产生高频压缩效应,电弧中电流密度增加,并使电弧形态从圆锥状向圆柱状压缩,故电弧下界面半径 R_b 会相应降低。由式(5-13)和式(5-16)可知,在有效电流基本不变条件下,电弧形态的变化会导致轴向电磁力 F_{zv} 略微降低,而等离子流力则随着电弧压缩而大大增加。根据文献的计算分析结果,电弧形态压缩时,等离子流力的增加量远大于轴向电磁力的降低量。

通过前一小节脉冲电流特征参数对电弧压力的影响结果来看,可以得出如下结论。

(1)与未叠加超音频脉冲的变极性工艺相比,超音频脉冲方波变极性 TIG 焊接工艺电弧压力显著增加,且增加幅度在 57% 以上。其原因在于,在超音频脉冲方波变极性 TIG 焊接工艺中,超音频脉冲电流的引入使 VPTIG 电弧产生较强的高频压缩效应,并使电弧的能量密度和电弧挺度得到提高;等离子流力和轴向电磁力的综合作用结果,使得电弧压力显著增加。

(2)在平均电流相同条件下,提高电流幅值有利于提高焊接电弧压力。分析认为,在 DCEN 阶段叠加超音频脉冲电流后,由于电弧等离子体尺寸是渐变的,当电流由基值向峰值状态跃变时,电流跃变时产生的电流尖峰和脉冲电流沿的快速变化($\mathrm{d}i/\mathrm{d}t \geqslant 50 \sim 100 \ \mathrm{A}/\mu\mathrm{s}$)均会引起电弧电流密度的急剧增加,导致沿电弧径向的电磁收缩力增强;增加脉冲电流幅值,进一步提高了电流跃变时电流密度的增加幅度,将导致电弧径向电磁收缩力增强更为显著。电磁收缩力增加的结果,会进一步压缩电弧使等离子流力增加,使电弧压力明显得到提高。

(3)采用较低占空比可获得更高的电弧压力。分析认为,根据高频压缩效应机理,采用占空比小的窄脉冲电流,可以充分发挥高频脉冲电流的压缩效应,使得电弧形态收缩现象更加明显,从而显著提高电弧压力。

5.4 脉冲电流特征参数对焊缝成形的影响

5.4.1 试验方法

本次试验所采用的焊接试件选用厚度为 5.5 mm 的 2A14 铝合金平板,热处理态为 T6,试件尺寸规格 120 mm×60 mm。试验采用平板堆焊工艺,焊接试件在焊前先用丙酮、无水乙醇擦拭去除表面油污,然后采用化学清理方法(10％NaOH 溶液＋15％HNO₃ 溶液按顺序浸洗)去除铝合金母材表面的氧化膜。填充焊丝选用直径为 2.4 mm 的 ER2319,采用机械清理方法去除试表面氧化膜。

图 5-14(a)为试验所得焊缝外观,为了能准确测量焊缝熔深和熔宽尺寸,沿垂直于焊接方向,分别在焊缝不同位置截取 3 处断面,使用游标卡尺(精确度 0.02 mm)测量 3 处横截面的熔深 W_{th} 和熔宽 D_{th},熔深和熔宽示意图如图 5-14(b)所示,取 3 次测量结果的平均值以减小误差。按上述方法分别测量工艺参数获得焊缝的熔深和熔宽,根据测量结果计算对应的焊缝深宽比 R(用熔深-熔宽比来表征),采用图像处理方法计算所得焊缝横截面积,以此来全面衡量超音频脉冲方波电流参数对焊缝成形的影响。

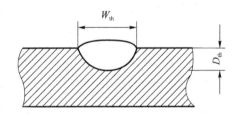

(a) 焊缝外观　　　　　　　　　(b) 熔深和熔宽

图 5-14　焊缝熔深和熔宽示意图

试验主要研究脉冲电流幅值 I_{pc}、脉冲频率 f_H 以及占空比 δ 的影响,脉冲电流参数选取如表 5-10 中所列。在满足电弧热输入的条件下,为降低热输入差异对焊缝成形的影响,正极性持续期间平均电流 I_{avg} 只允许在一定范围内(± 5 A)波动。在表 5-10 所列焊接工艺中,其他焊接工艺参数分别为:变极性电流频率 $f_L = 100$ Hz,正负极性电流持续时间比 $t_p : t_N = 4 : 1$,负极性电流 $I_N = 180$ A,钨电极直径 2.4 mm WC20;电弧长度约为 3 mm;焊接速度 180 mm/min;送丝速度 190 mm/min;保护气体 Ar 流量 15 L/min。

表 5-10 焊接脉冲电流主要参数

序号	平均电流 I_{avg}/A	基值电流 I_b/A	峰值电流 I_p/A	脉冲幅值 I_{pc}/A	脉冲频率 f_H/kHz	占空比 δ/%
1	120	80	160	80	10	50
2	120	80	160	80	20	50
3	120	80	160	80	40	50
4	120	80	160	80	60	50
5	118	80	155	80	80	50
6	115	105	125	20	20	50
7	115	95	135	40	20	50
8	115	85	145	60	20	50
9	115	65	165	100	20	50
10	115	105	125	20	40	50
11	115	95	135	40	40	50
12	115	85	145	60	40	50
13	115	65	165	100	40	50
14	119	105	175	70	20	20
15	121	65	135	70	20	80
16	108	90	180	90	40	20
17	116	60	130	70	40	80

5.4.2 脉冲电流频率对焊缝成形的影响

试验所得焊缝横截面如图 5-15 所示,其中图 5-15(a)为采用常规变极性工艺($f_L = 100$ Hz;$I_p = 120$ A;$I_N = 160$ A;$t_p : t_N = 4 : 1$)得到的焊缝横截面;图 5-15(b)~图 5-15(f)则为表 5-10 所列工艺 1~5 条件下得到的焊缝横截面。

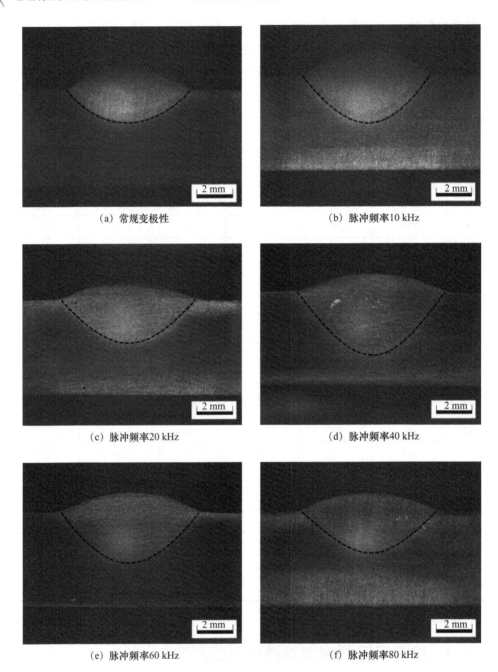

(a) 常规变极性   (b) 脉冲频率10 kHz

(c) 脉冲频率20 kHz   (d) 脉冲频率40 kHz

(e) 脉冲频率60 kHz   (f) 脉冲频率80 kHz

图 5-15   不同脉冲电流频率下焊缝横截面

图 5-16 为焊缝 W_{th}、D_{th} 及 R 随脉冲频率的变化关系。由图 5-16 可见,常规变极性工艺下,$W_{th}=7.2$ mm,$D_{th}=1.8$ mm,$R=0.25$;加入脉冲电流后,焊缝 W_{th} 和

D_{th} 均相应增加。$f_H = 80\,kHz$ 时,$W_{th} = 7.4\,mm$,$D_{th} = 2.2\,mm$,$R = 0.3$,R 提高了约 20%,其他脉冲频率条件下深宽比可得到进一步提高。从图 5-16 也可看出,在给定频率范围内提高脉冲频率,熔宽并未明显改变;$f_H = 40\,kHz$ 时熔宽 W_{th} 达到最大值 8.2 mm,熔宽增加约 14%。与熔宽最大值出现在 $f_H = 40\,kHz$ 时一样,焊缝熔深 D_{th} 也在该条件下达到最大值 3.5 mm,熔深提高约 94%,但相对于熔宽的变化而言,提高脉冲频率对焊缝熔深影响更加显著,故图 5-17 反映的深宽比变化趋势与图 5-16 中熔深的变化趋势基本一致。

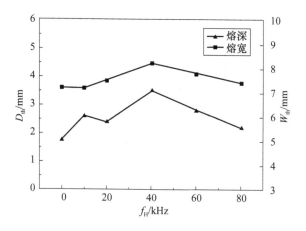

图 5-16　脉冲电流频率对熔深和熔宽的影响

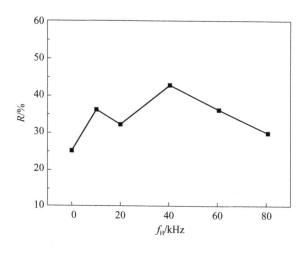

图 5-17　脉冲电流频率对深宽比的影响

图 5-18 所示为不同脉冲频率下用图像处理方法测量所得焊缝横截面积,由图可知,在所给试验参数条件下,与常规变极性 TIG 焊接工艺相比,超音频脉冲电流

的引入使焊缝横截面积均有不同程度的增加,且在 $f_H = 40\,kHz$ 时焊缝横截面积达到最大值 22.62 mm²。在其他焊接工艺参数一定情况下,所得焊缝横截面积的增加也就意味着焊接工艺熔化效率的提高。高效的焊接工艺可在提高熔化效率的同时得到焊缝深宽比高的焊缝,从而有利于改善焊缝微观组织并提高焊缝力学性能。

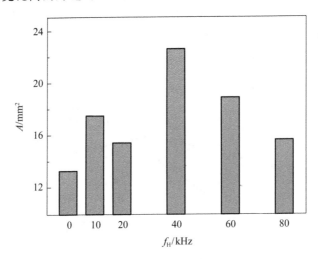

图 5-18 脉冲频率对焊缝横截面积(A)的影响

从图 5-19 所示的熔深增量与横截面积增量对比示意图可以看出,与常规变极性 TIG 焊接工艺得到的焊缝相比,超音频脉冲变极性 TIG 焊接工艺得到的焊缝熔深增量均明显高于焊缝截面积增量,说明超音频脉冲方波变极性 TIG 焊接工艺在提高电弧熔化效率的同时,可显著增加焊缝熔深。

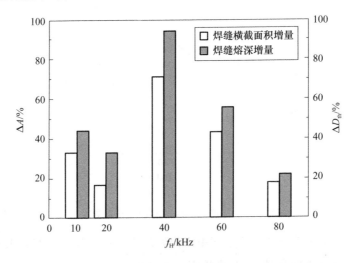

图 5-19 脉冲频率对焊缝熔深增量与焊缝横截面积增量的影响对比

5.4.3 脉冲电流幅值对焊缝成形的影响

在脉冲频率分别为 20 kHz 和 40 kHz 条件下保持脉冲频率及占空比不变,在正极性期间平均电流基本一致条件下,改变脉冲电流幅值(对应表 5-10 中工艺 6～13),分析其对焊缝成形的影响。图 5-20 为脉冲频率为 40 kHz 时,脉冲电流幅值从 20 A 变化到 100 A 得到的焊缝横截面。

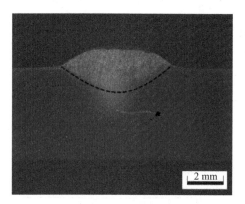

（a）脉冲电流幅值 20 A

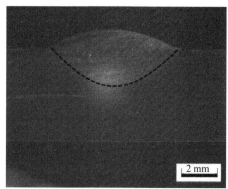

（b）脉冲电流幅值 40 A

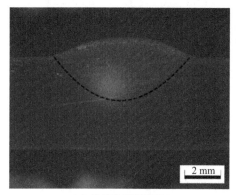

（c）脉冲电流幅值 60 A

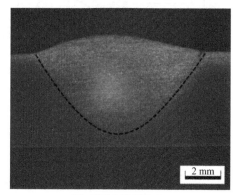

（d）脉冲电流幅值 100 A

图 5-20 不同脉冲电流幅值下焊缝横截面

脉冲频率为 20 kHz 条件下焊缝熔深、熔宽及深宽比随脉冲电流幅值的变化关系如图 5-21 所示。从图中可以看出,保持正极性期间平均电流基本不变,提高脉冲电流幅值,焊缝熔深、熔宽以及焊缝深宽比基本呈增加趋势。脉冲频率为 20 kHz 条件下焊缝熔深、熔宽及深宽比随脉冲电流幅值的变化关系如图 5-22 所示。从图 5-22(a)和 5-22(b)可以看出,在 $f_H = 40$ kHz 时,将脉冲电流幅值从 20 A 提高到 100 A,焊缝熔宽从 6.0 mm 增加到 9.7 mm,熔宽增加约 50%,对应的焊缝熔深则从 1.4 mm 增加到 4.5 mm,焊缝熔深显著增加,而焊缝深宽比也相应从 23% 提高到 46%。与 $f_H = 20\,\text{kHz}$ 时相比,在 $f_H = 40\,\text{kHz}$ 条件下提高脉冲电流幅值对焊缝成形的影响更加显著。

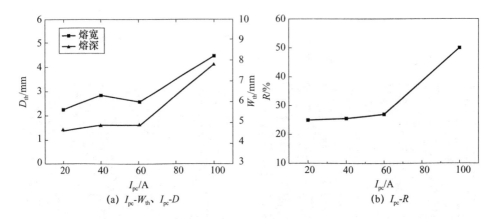

图 5-21　脉冲电流幅值对焊缝成形的影响(脉冲频率 20 kHz)

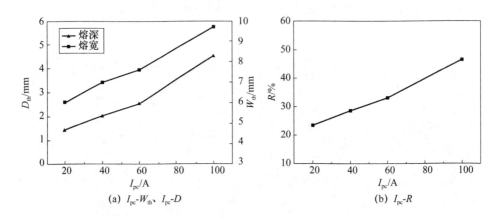

图 5-22　脉冲电流幅值对焊缝成形的影响(脉冲频率 40 kHz)

图 5-23 所示为 $f_H = 40\,\text{kHz}$ 条件下不同脉冲幅值所对应焊缝横截面积,由图可知,在脉冲幅值 60 A 以下,提高脉冲幅值,焊缝横截面积变化不大;而脉冲幅值 60 A 以上,焊缝横截面积则显著增加。以脉冲幅值 20 A 所得焊缝为参考,在脉冲幅值分别为 40 A、60 A 以及 100 A 条件下得到的焊缝横截面增量与熔深增量对比如图 5-24 所示,从图中可以看出,在超音频脉冲方波变极性 TIG 焊接工艺中,提高脉冲电流幅值虽然能使焊缝熔深和焊缝横截面积增加,从而提高熔化效率,但焊缝熔深增量与焊缝截面积增量基本相当,说明提高脉冲电流幅值虽然可以促进焊缝

熔池流动,但在抑制熔宽增加趋势形成深而窄的焊缝方面并无明显优势。

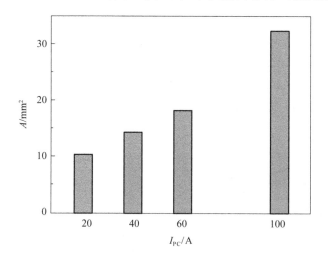

图 5-23 脉冲电流幅值对焊缝截面积的影响

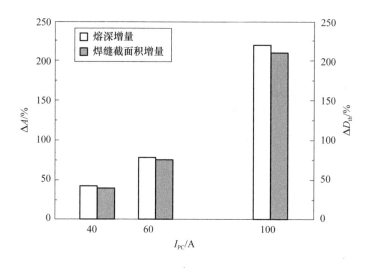

图 5-24 脉冲电流幅值对焊缝截面积增量与熔深增量的影响对比

5.4.4 脉冲电流占空比对焊缝成形的影响

在脉冲频率分别为 20 kHz 和 40 kHz 两种条件下,保证正极性期间平均电流基本一致(变化范围±5 A),改变脉冲占空比(对应表 5-10 中工艺 9、12 以及 14~17),分析其对焊缝成形的影响。焊缝熔深、熔宽及深宽比随脉冲电流占空比的变化关系分别如图 5-25 和图 5-26 所示。由图 5-25 可见,当 $f_H = 20\ kHz$ 时,在脉冲占空比从 80% 降到 20% 时,熔深从 2.9 mm 增加到 5 mm,熔深提高约 72%,而对应的熔宽从 7.8 mm 增加到 9.5 mm,熔宽提高 22%;焊缝深宽比则从 0.37 提高到 0.53,深宽比提高约 43%。

图 5-26(a) 和图 5-26(b) 为 $f_H = 40\ kHz$ 时的关系曲线,与 $f_H = 20\ kHz$ 时变化趋势相同,焊缝熔深、熔宽和深宽比均随占空比的减小而相应增加。

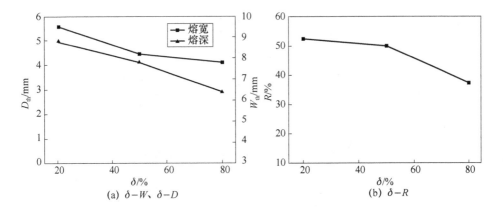

图 5-25　脉冲占空比对焊缝成形的影响(脉冲频率 20 kHz)

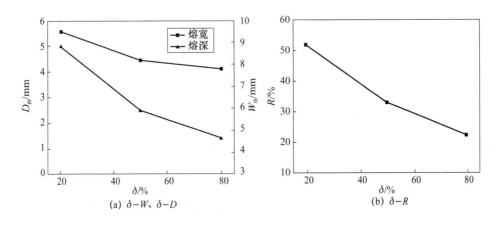

图 5-26　脉冲占空比对焊缝成形的影响(脉冲频率 40 kHz)

图 5-27 所示为 $f_H = 40\ kHz$ 条件下不同脉冲占空比所对应焊缝横截面积,以占空比为 0.8 条件下所得焊缝为参考,在占空比分别为 0.5 和 0.2 条件下焊缝截面积增量和焊缝熔深对比如图 5-28 所示,由图可知,缩小占空比焊缝熔深增量明显高于焊缝横截面积增量,因此缩小占空比在提高焊接电弧熔化效率的同时,有利于形成深宽比较大的焊缝。

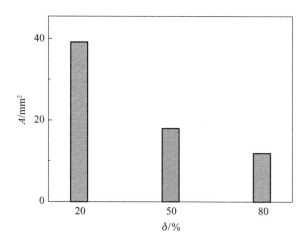

图 5-27　脉冲电流幅值对焊缝截面积的影响

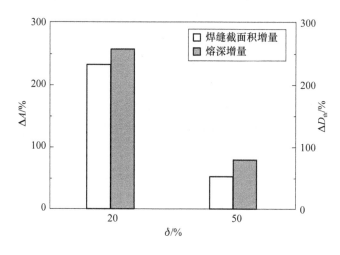

图 5-28　脉冲电流占空比对对焊缝截面积增量与熔深增量的影响对比

5.4.5　脉冲电流参数对焊缝成形的影响

从上述脉冲电流特征参数对焊缝成形的影响结果来看,可以得出如下结论。

(1)与常规变极性工艺相比,超音频脉冲方波变极性 TIG 焊接工艺使焊缝熔深、熔宽相应增加,在所给试验条件下,深宽比可至少提高 20%;提高脉冲频率,焊缝熔宽变化并不明显,但焊缝熔深会显著改变。这是由于脉冲电流的引入使焊接电弧产生了一定的高频压缩效应,提高了电弧的能量密度和电弧挺度,使得电弧力作用与常规变极性相比明显增加。随着脉冲频率的提高电弧挺度会更强,电弧压力增加明显,电弧压力中电磁力的轴向分量与等离子流力的轴向分量共同作用于熔池表面影响焊缝成形使熔深和熔宽均相应增加,而电磁力的径向分量(垂直于电弧轴向)会造成电弧形态的变化,压缩电弧至稳定状态,在一定程度上减小了电弧的覆盖范围,从而有减小熔宽的效果,因此电弧压力和压缩电弧的综合作用效果是熔宽增加不明显,但熔深显著增加。因此,增加脉冲电流频率有利于提高焊缝深宽比,且在所给频率范围内,当 $f_H = 40\ \text{kHz}$ 时焊接电弧对焊缝熔池的热-力作用效果最佳,可得到最大的焊缝深宽比。

(2)在保证平均电流基本一致情况下减小占空比,并提高脉冲电流幅值,焊缝熔深和熔宽明显增加,有利于提高焊缝深宽比。分析认为,在脉冲电流占空比较小时,高频电流压缩效应更加明显,提高了电弧的穿透能力,焊缝熔深增加明显。增加脉冲电流幅值,一方面使得电弧压力明显提高;另一方面,根据电磁学理论,变化的电流会产生磁场,因此超音频脉冲方波变极性 TIG 电弧会在熔池内部形成一定强度的脉动电磁场,熔池内部液态金属粒子也会受到脉动电磁力的作用。提高脉冲电流幅值,单位时间电流变化率加大,脉动电磁力也随之增加,在外部电弧力和内部电磁力的共同作用下,加剧了熔池内液态金属的流动,使得焊缝熔深和熔宽均相应增加。

(3)在需要增加占空比或减小脉冲幅值以满足给定平均电流时,考虑到缩小占空比在获得深宽比大的焊缝方面较提高脉冲幅值更具优势,应优先在一定范围内缩小脉冲幅值以适应给定平均电流要求。

结合电弧压力试验结果和焊缝成形试验结果进行分析,脉冲电流特征参数对电弧压力的影响规律与对焊缝熔深和焊缝深宽比的影响规律基本保持一致,该结果也反映出在电弧热输入基本相当情况下,电弧压力是决定焊缝形状的主导影响因素。

综上所述,在电流特征参数一元化调节方案中,以平均电流为目标调节量改变电弧输入功率时,相应脉冲电流特征参数的匹配原则应为:脉冲频率应取使电弧热-力效果最佳的 40 kHz;脉冲占空比可取为 0.2;而基值电流和脉冲电流的选取则应结合实际电源的输出性能指标,在满足给定平均电流和脉冲占空比为 0.2 的基础上,让脉冲电流幅值尽可能大。

5.5　电流特征参数一元化调节协调匹配方案

在复合超音频脉冲方波变极性 TIG 焊接工艺中,给定平均电流 I_{avg} 后,需要一元化自动匹配的参数包括：变极性电流特征参数（变极性频率、变极性占空比以及反向电流）和脉冲电流特征参数（脉冲频率、脉冲占空比、基值电流以及脉冲电流）。

试验中所使用的一元化参数调节协调匹配方案如图 5-29 所示，在给定平均电流基础上，依次匹配变极性电流特征参数和脉冲电流特征参数，从而实现以平均电流为调节量对电弧平均输入功率进行有效调节，其他电流特征参数自动优化匹配，并使该优化匹配电流特征参数条件下焊接电弧具备较强的热-力综合作用效果。

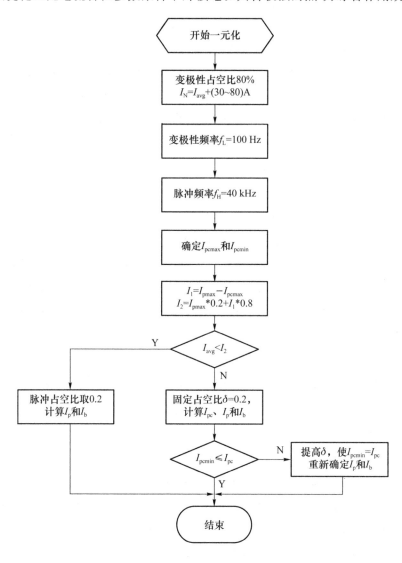

图 5-29 电流特征参数一元化调节协调匹配方案

在该方案中，脉冲电流特征参数可以根据 5.4 中的结论给出；变极性电流特征参数则结合其他学者的相关研究工作和课题组前期试验结论依据下述原则给出。

（1）电流极性变换频率的选取。电流极性变换频率较小（$f_L \leqslant 1\text{ kHz}$）时，随着电流极性变换频率的提高，焊接电弧出现的收缩效应和电弧偏移摆动现象对于提高焊缝深宽比和增加铝合金表面氧化膜清理范围具有明显作用。但是考虑到随着电流极性变换频率的增加，焊接过程中产生的噪音强度急剧上升，电流频率达到 0.5 kHz 以上时，在不采取特殊保护措施的条件下，人耳已难以承受。因此，尽管提高电流极性变换频率有利于提高焊缝深宽比和增加氧化膜清理范围，但由于其产生的恶劣工作环境使得其很难应用于实际铝合金的焊接加工过程。前期试验结果表明，在电流极性变换频率 100 Hz 条件下合理选择其他变极性电流特征数也可获得高的焊缝深宽比和合适的氧化膜清理范围，并达到好的焊接效果。因此，在正常焊接工作环境条件下，电流极性变换频率可选为 100 Hz。

（2）变极性占空比和反向电流的选择。在铝合金超音频脉冲方波变极性 TIG 焊接 DCEP 阶段，焊接电弧对铝合金表面 Al_2O_3 氧化膜具有较强的清理作用，且清理效果主要受 DCEP 持续时间 t_N 和反向电流 I_N 的影响，但在 DCEP 期间钨极不可避免地会因发热而出现不同程度的烧损现象。为了在获得好的氧化膜清理效果的同时尽量减少钨极烧损，通常采取增加反向电流幅值并缩短 DCEP 持续时间的方法来兼顾高清理效果和低钨极烧损的需要。考虑到氧化膜清理区宽度不必过大，较焊缝熔宽多出 $1 \sim 2\text{ mm}$ 即可满足焊缝成形和焊接质量需要，根据实际焊接试验效果，可取 $t_p : t_N = 4 : 1$，而反向电流 I_N 可根据所设定正极性平均电流 I_{avg} 按下面的经验公式选择：

$$I_N = I_{avg} + (30 \sim 80)\text{A} \tag{5-17}$$

在所需平均电流较小时，应适当增加反向电流以保证好的氧化膜清理效果。至此，对于超音频脉冲方波变极性 TIG 焊接方法，为保证获得好的焊缝成形，确立了变极性电流特征参数和脉冲电流特征参数的自动匹配原则。

综上所述，在超音频脉冲方波变极性 TIG 焊接电源控制系统中，启动一元化调节协调匹配功能时，系统根据所设定的焊接平均电流 I_{avg}，结合实际焊接电源输出性能指标（脉冲基值电流调节范围 $5 \sim 250\text{ A}$，脉冲峰值电流调节范围 $5 \sim 500\text{ A}$），自动匹配变极性电流参数和脉冲电流参数的具体过程如下。

（1）变极性电流参数的自动匹配。变极性占空比为 80%（对应 $t_p : t_N = 4 : 1$）；反向电流 I_N 按式（5-17）确定；变极性频率在正常工作环境条件下推荐取值 100 Hz。

（2）脉冲电流特征参数的自动匹配。脉冲频率 f_H 取值 40 kHz；脉冲占空比、基值电流以及脉冲电流则根据下面公式和约束条件给出：

$$\begin{cases} I_P\delta + I_b(1-\delta) = I_{avg}, & 0.2 \leqslant \delta \leqslant 0.5 \\ I_P - I_b = I_{pc}, & I_{Pmax}=500, I_{bmax}=250 \end{cases} \quad (5\text{-}18)$$

式(5-18)约束条件中，脉冲占空比优先选择为 0.2。而脉冲电流幅值 I_{pc} 可根据材料厚度选定，根据前期试验结果，在平均电流一定的情况下，较低的占空比和较大的脉冲电流幅值不仅有利于焊缝成形，还有利于提高接头综合性能。例如，对于 3～5 mm 厚铝合金，I_{pc} 取值应在 60～100 A 之间比较合适，优先选择为 100 A。根据所选占空比和脉冲电流幅值，即可计算出所需基值电流 I_b 和峰值电流 I_p。若所需平均电流较大，在脉冲占空比为 0.2 以及 I_{pc} 取值为 100 A 情况下，依然无法满足平均电流要求，则应优先考虑在一定范围内减小脉冲电流幅值以满足给定平均电流。

基于上述原则确立的电流特征参数一元化调节协调匹配方案，为开展焊接试验提供了便利。在电流特征参数一元化调节协调匹配方案基础上，也可进一步完善电流特征参数自动给定功能：根据焊接试件厚度，只需按照经验确定出所需平均电流，即可自动给定其他电流特征参数。

本 章 小 结

（1）为实现超音频脉冲方波变极性 TIG 焊接工艺电流特征参数一元化调节协调匹配功能，开展了铝合金焊缝成形以及电弧压力试验研究。研究结果表明，与常规变极性电弧焊接工艺相比，超音频脉冲方波变极性电弧焊接工艺中由于超音频脉冲电流的引入，电弧能量密度及电弧挺度增加，从而提高了焊接电弧压力，并对铝合金的焊缝成形产生重要影响，焊缝熔深和熔宽明显增加，焊缝深宽比可至少提高约 20%。

（2）在超音频脉冲方波变极性 TIG 电弧焊接工艺中，改变脉冲电流频率，焊缝熔深变化较熔宽变化更为明显；当脉冲频率为 40 kHz 时，电弧压力最大，使得焊缝成形对应最大的焊缝深宽比。在平均电流保持不变前提下，在一定范围内提高脉冲电流幅值，减小脉冲电流占空比，有利于充分发挥电弧高频效应，从而提高焊缝深宽比。

（3）基于电弧压力和焊缝成形试验分析结果，实现了以正极性期间平均电流为调节量对电弧平均功率进行有效调节，其他电流特征参数自动优化匹配，且该优化匹配电流特征参数条件下焊接电弧具备较强热-力综合作用效果，达到了简化电流特征参数设定的目的。

第 6 章

超音频脉冲方波变极性 TIG 焊接适用性试验

电流特征参数一元化调节方案以及参数自动给定等功能的实现,使超音频脉冲方波变极性 TIG 焊接电源能够基本满足自动焊接和高质量焊接需要。本章将在搭建的焊接试验平台上,以高强铝合金材料为对象进一步开展自动焊接试验,研究超音频脉冲方波变极性 TIG 焊对焊接质量的影响,来验证超音频脉冲方波 TIG 焊机的焊接适用性以及基于电流特征参数一元化调节方法实现的参数自动给定方案的有效性,为该新型焊接技术的推广应用奠定基础。

6.1 超音频脉冲方波变极性 TIG 焊铝合金焊接质量及性能分析

高质量的焊接接头是焊接结构安全、可靠运行的基本条件和根本保证。本书以焊接接头焊缝成形和缺陷检验、显微组织以及力学性能等作为考察焊接质量的技术指标,来全面检验超音频脉冲方波 TIG 焊机的焊接适用性。

6.1.1 试验方法

试验材料选用 4 mm 厚的 2219-T87(Al-Cu-Mn 系)高强硬铝合金板材,试样尺寸为 200 mm×100 mm。焊前采用丙酮有机溶剂擦拭去除试件表面的油污,然后采用化学清理方法(10%NaOH+15%HNO$_3$)去除表面氧化膜。钨极使用 Φ3 mm 铈钨 W-2%Ce;保护气体采用 99.99%普通氩气。为检验超音频脉冲方波变极性 TIG 焊接工艺先进性以及基于一元化调节的参数自动给定方案的有效性,将试验材料分为五组,主要电流特征参数如表 6-1 所示。

表 6-1　超音频脉冲方波变极性 TIG 焊主要电流特征参数

组号	平均电流 I_{avg}/A	脉冲频率 f_H/kHz	正向基值电流 I_b/A	正向峰值电流 I_P/A	占空比 δ/%
1	155	—	—	155	—
2	120	40	100	200	20
3	130	20	60	160	70
4	130	40	80	180	50
5	130	40	60	160	70

表 6-1 中第一组采用常规变极性工艺;第二组采用基于一元化调节手段给定参数的超音频脉冲方波变极性 TIG 焊接工艺;后面三组则为采用非自动给定参数的超音频脉冲方波变极性 TIG 焊接工艺(考虑到非自动给定的电流特征参数下焊接电弧热-力综合作用的效果不及自动给定参数下的效果,将其平均电流取值略微提高)。焊接过程中其他工艺参数如表 6-2 所示。

表 6-2　超音频脉冲方波变极性 TIG 焊试验参数

工艺参数	符号	大小	单位
填充焊丝	—	ER2319 Φ2.4 mm	—
保护气流量	v_{Ar}	15	L/min
焊接速度	v_W	120	mm/min
电极高度	d_{W-Al}	3	mm
持续时间比	$t_P:t_N$	4:1	—
变极性频率	f_L	100	Hz
负极性电流	I_N	195	A

6.1.2　焊缝成形及缺陷检测

图 6-1 和图 6-2 为表 6-1 中工艺 1 和工艺 2 所得焊缝成形外观。

目测观察获得的焊缝成形外观可以发现,在所给试验参数条件下,采用普通变极性 TIG 焊接工艺和超音频脉冲方波变极性 TIG 焊接工艺均可得到正、反面成形良好的焊缝,正面焊缝光亮且呈鱼鳞纹状分布,焊缝表面无裂纹、缩孔以及夹杂等外部缺陷,且氧化膜清理效果良好。

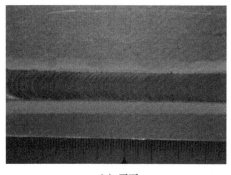 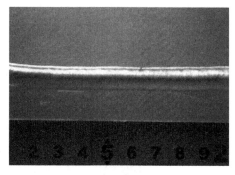

(a) 正面　　　　　　　　　　　　　　(b) 背面

图 6-1　工艺 1 焊缝成形外观

 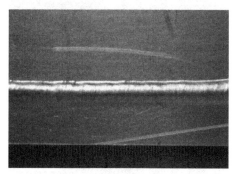

(a) 正面　　　　　　　　　　　　　　(b) 背面

图 6-2　工艺 2 焊缝成形外观

　　在铝合金电弧焊接工艺中,能否有效减少甚至消除焊缝气孔会对接头质量产生重大影响。对采用常规变极性 TIG 和超音频脉冲方波变极性 TIG 焊接工艺所得焊接接头分别进行 X 射线探伤检测可以发现,常规变极性 TIG 焊缝内部存在如图 6-3(a)所示的明显气孔缺陷;而采用超音频脉冲方波变极性 TIG 焊接工艺所获得的焊缝接头中均未发现气孔等缺陷,如图 6-3(b)所示。

　　利用光学显微镜观察普通变极性 TIG 焊缝横截面,并用扫描电镜下进一步观察其拉伸断口,可以发现,焊缝内部不仅存在大量直径约 $50\sim100~\mu m$ 的小气孔,同时还存在部分直径达几百 μm 以上的球形气孔,如图 6-4 所示。

　　上述试验检测结果表明,采用超音频脉冲方波变极性 TIG 焊接工艺进行 2219-T87 高强度铝合金电弧焊接,能够有效减少甚至消除焊缝气孔等缺陷。

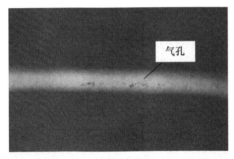

(a) 工艺1   (b) 工艺2

图 6-3   2219-T87 变极性 TIG 焊缝 X 射线探伤图片

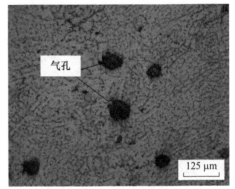

（a）常规变极性TIG焊缝横截面金相图片

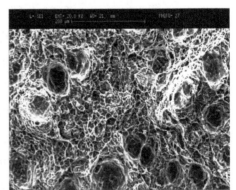

（b）常规变极性TIG焊缝拉伸断口SEM图片

图 6-4   常规变极性 TIG 焊缝金相和 SEM 图片

6.1.3 焊缝显微组织

1. 焊缝金属区显微组织

按照 GB/T 3246.1—2000《变形铝及铝合金制品显微组织检验方法》和 GB/T 13298—91《金属显微组织检验方法》制备焊接接头金相试样,并使用 Keller 试剂(HNO3,2.5 mL；HCl,1.5 mL；HF,1 mL；H2O,95 mL)浸蚀铝合金金相试样,在 OLYMPUS BX51M 光学显微镜和 CAMBRIDGE S-360 扫描电子显微镜(SEM)下观察焊缝显微组织。

图 6-5 为工艺 1～4 四种工艺条件下所得 2219-T87 焊缝金属区显微组织,采用常规变极性 TIG 焊接工艺时,焊缝金属区组织以粗大柱状晶(Columnar)为主,如图 6-5(a)所示;加入超音频脉冲调制以后的工艺 2～4 中焊缝金属区组织则发生了明显变化,如图 6-5(b)～(d)所示,焊缝区组织开始由粗大柱状晶向细小等轴晶转变。

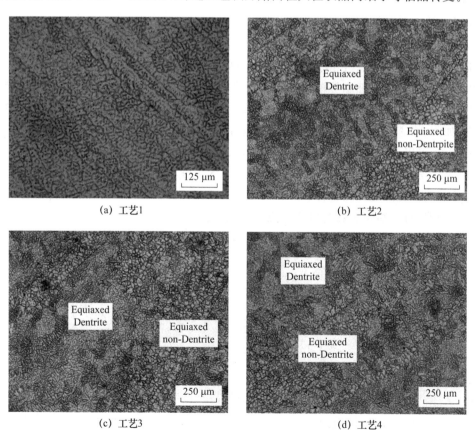

(a) 工艺1   (b) 工艺2

(c) 工艺3   (d) 工艺4

图 6-5　2219-T87 焊缝金属区显微组织

与常规变极性 TIG 焊接工艺所得焊缝相比,超音频脉冲方波变极性 TIG 焊接工艺所得焊缝中部还出现了比较明显的呈带状分布横跨焊缝断面的细小等轴非枝晶组织(Equiaxed non-Dentrite),如图 6-6 所示。

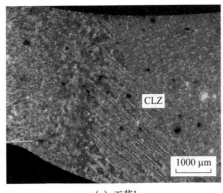
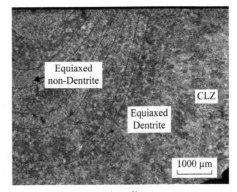

(a) 工艺1　　　　　　　　　　　　　(b) 工艺2

图 6-6　2219-T87 焊缝宏观组织

比较分析所得焊缝中部显微组织还可发现,每条等轴非枝晶带均在在焊缝边缘处较窄而焊缝中部较宽,其分布状态类似于熔池后缘空间曲面形状,并与焊缝中部的等轴树枝晶组织(Equiaxed Dentrite)交替分布。在扫描电镜下对焊缝金属区内的等轴树枝晶与细小等轴非枝晶组织进行观察可以发现,形状为圆形或多角形的细小等轴非枝晶晶粒内部无析出物,而等轴树枝晶内部则有大量第二相粒子析出,如图 6-7 所示。使用光学显微镜观察工艺 2 和工艺 3 中焊缝中部的等轴非枝晶组织,可以发现,脉冲电流特征参数均不同程度上细化了等轴非枝晶晶粒,如图 6-8 所示。对工艺 2~5 所对应的焊缝金属区内细小等轴非枝晶组织的平均晶粒尺寸采用截距法进行测量,晶粒尺寸分别为 15 μm、21 μm、21 μm 以及 25 μm,测量结果表明,自动给定参数时可获得更小的晶粒。

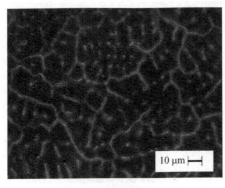
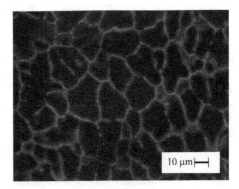

(a) 等轴树枝晶　　　　　　　　　　　(b) 细小等轴非枝晶

图 6-7　工艺 2 焊缝金属区等轴树枝晶与等轴非枝晶组织 SEM 图片

(a) 工艺2　　　　　　　　　　　　　　　　(b) 工艺3

(c) 工艺4　　　　　　　　　　　　　　　　(d) 工艺5

图 6-8　焊缝金属区内等轴非枝晶组织

2. 焊缝熔合区显微组织

图 6-9 所示为各工艺条件下所对应的焊缝熔合区显微组织,与常见的焊缝金属不同,2219-T87 焊缝边缘熔合线附近通常会存在一个形态类似于焊缝中心部位出现的等轴非枝晶组织的细小等轴晶区域(Equiaxed Zone,EQZ)。Gutierrez 等人认为该焊缝边缘等轴晶区的形成主要是母材中 Al_3Ti 和 Al_3Zr 等微小颗粒在凝固过程中提供的大量异质形核点促进了非均质形核进程造成的;Lin 等人则通过研究发现焊丝成分也对熔合线附近等轴晶区域的形成有着较大影响,熔池中液态金属的强对流作用会将非均质形核核心颗粒带入到熔合线附近而促进该等轴晶区的形成。Zr 含量约为 $0.10\% \sim 0.25\%$ 的 2219 铝合金母材在焊前经过 T87 热处理后会析出一定数量的 Al_3Zr,本焊接过程中由于焊缝边缘经历的峰值温度低,高温停留时间较短,使得靠近焊缝边缘区域的部分 Al_3Zr 颗粒能够保存下来成为高效

的异质形核核心，促进了细小等轴晶区的形成并有效阻止了晶粒的外延生长。

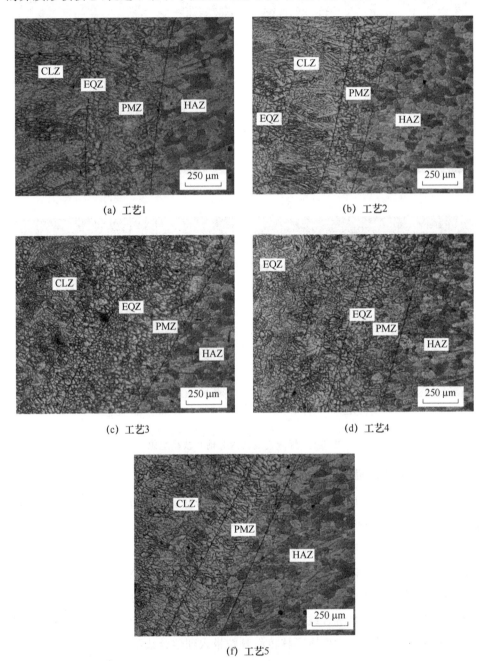

(a) 工艺1　　　　　　　　　　　　(b) 工艺2

(c) 工艺3　　　　　　　　　　　　(d) 工艺4

(f) 工艺5

图 6-9　焊缝熔合区显微组织

在 2219-T87 高强度铝合金超音频脉冲方波变极性 TIG 焊接过程中，焊缝熔合区组织随着超音频脉冲电流的加入发生了比较明显的变化,部分焊缝熔合区内的细小等轴晶带基本消失,靠近焊缝边缘金属直接以外延结晶的方式开始生长,形成柱状晶组织,如图 6-9(b)中所示。

在光学显微镜下对焊缝熔合区宽度进行测量发现,焊缝熔合区宽度在加入脉冲电流作用后均可得到一定程度的减小:常规变极性 TIG 焊接工艺下所得焊缝熔合区宽度为 $480\sim560\ \mu m$;加入脉冲电流作用的工艺 3～5 对应熔合区宽度分别减小至 $450\sim510\ \mu m$、$360\sim370\ \mu m$ 以及 $280\sim330\ \mu m$;自动给定参数所对应工艺 2 条件下对应的熔合区宽度进一步减小到 $220\sim230\ \mu m$。

受电弧焊接热循环作用焊缝热影响区(HAZ)组织形态也会发生明显变化。在光学显微镜下对焊缝部分熔化区和热影响区部位组织形态进行观察,从图 6-10(a)和(b)所示(分别对应工艺 1 和工艺 2)焊缝部分熔化区和热影响区显微组织可以明显看出,与未加入脉冲电流时焊缝边缘部位的粗大晶粒组织相比,加入超音频脉冲电流后,焊缝部分熔化区和热影响区内组织明显细化。

6.1.4　焊缝力学性能

1. 接头显微硬度分布

如图 6-11 所示,利用 DHV-1000 维氏(HV)硬度计对已浸蚀的金相试样沿焊缝横截面中线部位检测显微硬度,测试过程中加载负荷量为 200 g 且保持时间为 15 s。采用多次测量取平均值的方法减小测量误差(纵向连续测量三次,相邻两测试点之间的距离为 0.3 mm),横向相邻两测试点之间的距离为 0.5 mm。

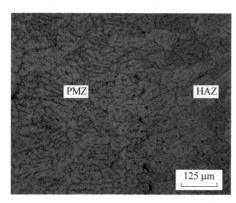
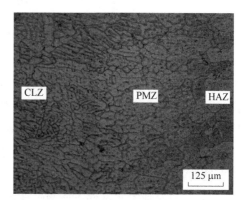

(a) 工艺1　　　　　　　　　　　(b) 工艺2

图 6-10　焊缝部分熔化区和热影响区显微组织

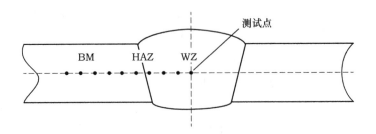

图 6-11　焊接接头显微硬度检测

对于可热处理强化铝合金,采用电弧熔焊工艺所得焊缝区域硬度通常要比母材金属降低约 40%,降低程度主要取决于热处理状态、被焊材料以及焊接工艺参数等因素。焊接接头硬度的减小也会导致接头强度随之降低。按照上述方法检测焊接接头显微硬度,获得的焊缝横截面中线部位显微硬度分布如图 6-12 所示。

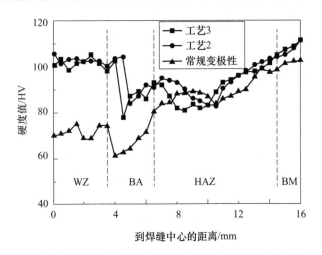

图 6-12　焊接接头显微硬度

采用工艺 1(常规变极性 TIG 焊接工艺)所得焊缝金属区和熔合区(距离焊缝中心约 3~5 mm)硬度均比较低,硬度值仅为 60~75 HV,成为焊接接头的薄弱部位;而采用工艺 2 和工艺 3(超音频脉冲方波变极性 TIG 焊接工艺)焊缝金属区和熔合区硬度均明显提高,中心部位硬度在 98 HV 以上,焊缝熔合区成为焊接接头的最薄弱部位。采用自动给定参数的工艺 2 所得焊缝熔合区显微硬度相对工艺 3 略有提高,其熔合区硬度在 84 HV 以上,且焊缝熔合区最低硬度区的宽度也较工艺 3 要小,与两种工艺条件下所测焊缝熔合区宽度相吻合。

在各焊接工艺条件下,焊缝热影响区硬度曲线变化趋势基本一致:接头硬度首先随着与焊缝中心之间距离的增加而上升;在距离焊缝中心 8~11 mm 区域接头硬度会有所降低,出现了一定宽度范围但变化幅度不大(80～85 HV)的软化区;此后随着与焊缝中心之间距离的增加,接头硬度值随之增加直至达到母材硬度。

加入超音频脉冲电流作用后焊缝中心部位晶粒组织的明显细化,使得焊缝金属区显微硬度显著提高;而焊缝热影响区内软化区的形成则是由于母材热影响区内强化相粒子在焊接热循环作用下发生了聚集和脱溶,导致共格关系被破坏,晶内析出强化相数量减少且体积增大,从而在该区域使得硬度下降。

采用常规变极性 TIG 焊接工艺所得焊缝熔合区硬度变化不明显的原因在于,靠近焊缝区边缘的母材金属受焊接电弧热作用会发生部分熔化和重新凝固,而部分熔化母材晶粒内部析出强化相也相应会发生重熔和聚集长大,晶内析出强化相数量也随之降低;在凝固过程中,部分熔化的母材金属溶质 Cu 元素的严重偏析也明显降低了 $\alpha(Al)$ 固溶体内 Cu 元素含量,故在其晶粒内部仅析出极少甚至无法析出强化相,在晶界处则形成了大量脆性共晶组织,贫 Cu 的 $\alpha(Al)$ 固溶体硬度明显下降,导致其成为焊接接头的最薄弱部位。超音频脉冲电流的加入会明显压缩电弧,使得电弧热量更加集中,同时焊接电弧对熔池的强烈搅拌作用也促使液态金属呈现复杂规律性流动,有利于焊缝熔池内热量的传导并降低电弧热影响作用,使得部分熔化母材金属内溶质 Cu 元素的分布状态得到改善,从而提高焊缝熔合区的硬度。

终上所述,采用超音频脉冲方波变极性 TIG 焊接工艺进行 2219-T87 铝合金焊接加工时,焊缝金属区硬度显著增加,此外,超音频脉冲电流的引入不仅使焊缝熔合区硬度得到改善和提高,而且可以缩小熔合区内最低硬度区域范围,但对焊缝热影响区内软化区的影响作用并不明显。

2. 接头拉伸性能

按照 GB/T 2651—89《焊接接头拉伸试验方法》和 GB/T 228—2002《金属材料室温拉伸试验方法》,采用线切割方式制备焊接接头拉伸试样(每组工艺接头制备 4 个拉伸试样),试样尺寸如图 6-13 所示。去除焊接接头焊缝正、反面余高后在 DWD-50E 电子拉伸试验机上进行拉伸性能测试(拉伸速度 2 mm/min)。

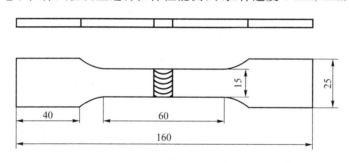

图 6-13　焊接接头拉伸试样尺寸

　　不同焊接工艺参数条件下 2219-T87 高强铝合金焊接接头的抗拉强度和延伸率分别如图 6-14 和图 6-15 所示(2219-T87 母材的抗拉强度和断后伸长率分别为446 MPa 和 11.7%),由图可知,获得的 2219-T87 高强铝合金焊接接头强度和塑性均明显低于母材,但与常规变极性 TIG 焊接工艺相比,加入超音频脉冲电流后接头断裂发生在焊缝熔合区,焊接接头的强度和断后伸长率均明显提高,尤其是塑性的提高更为显著。在自动给定参数的工艺 2 中,接头抗拉强度和断后伸长率分别提高约 32.5% 和 138%。

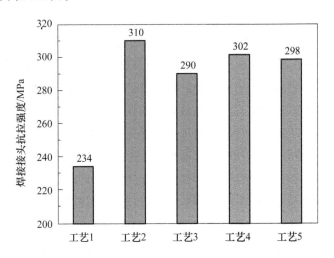

图 6-14　不同焊接工艺条件下焊接接头抗拉强度对比

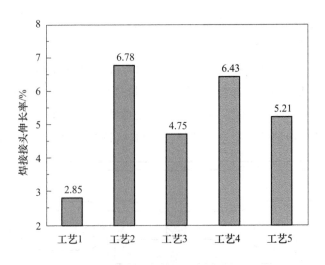

图 6-15　不同焊接工艺条件下焊接接头伸长率对比

　　焊接接头断裂位置由焊缝金属区转移至熔合区部位的现象表明,超音频脉冲方波变极性 TIG 焊缝金属区强度已达到或超过焊缝最薄弱部位熔合区,该现象与接头焊缝组织形貌变化相吻合:常规变极性 TIG 焊接工艺条件下焊缝组织以非均匀分布的粗大柱状晶为主,而加入超音频脉冲电流作用后则主要由等轴树枝晶和细小等轴非枝晶组成,且焊缝晶粒明显细化。

根据 Hall-Petch 公式,有:

$$\sigma_s = \sigma_{s0} + K(\bar{d})^{-1/2} \tag{6-1}$$

其中:σ_s 为合金材料的脆性断裂应力;σ_{s0} 为相当于单晶体屈服强度的常数项;$\bar{d}$ 为多晶体各晶粒的平均直径;K 是表征晶界对强度影响程度的常数。细化焊缝晶粒组织不仅可以提高焊缝金属强度,而且有助于改善和提高接头的塑性,其原因在于,细小的晶粒使变形更加均匀,降低了因应力集中而引起开裂的几率。此外,焊缝的强度和塑性也会受到焊缝中沿晶界分布的共晶相形貌和数量的影响。焊缝组织粗化时,沿晶界部位呈网络状分布的共晶相数量多且宽度大,而晶粒细化后使晶界面积增大,焊缝中沿晶界部位的共晶相最后可形成均匀分布的细小共晶组织。由于沿晶界分布的共晶相组织具有较大脆性,极易发生开裂,且开裂所需拉力随着晶界处共晶组织宽度的增加明显减小,因此焊缝组织粗化时接头力学性能显著降低;细小共晶组织不仅开裂比较困难,而且对位错运动有一定的阻碍作用,因此晶粒细化后得到的细小共晶组织可发挥一定的弥散强化作用,使焊缝性能得到改善和提高。受焊接电弧热作用,熔合区内靠近焊缝边缘的母材发生了部分熔化和凝固,造成部分熔化母材晶内析出强化相体积的增大和数量的减少,并且由于溶质Cu 元素的严重偏析,大量脆性共晶组织在晶界处形成,导致焊缝熔合区成为焊接接头的最薄弱部位,该现象与焊缝横截面中线部位显微硬度的变化规律相一致。

上述试验结果表明,与常规变极性 TIG 焊接工艺相比,将超音频脉冲方波变极性 TIG 焊接工艺应用于高强铝合金材料的焊接加工时,能够起到消除气孔缺陷、细化晶粒以及提高接头综合性能的作用。在自动给定电流特征工艺参数下,由于焊接电弧具有极佳的热-力综合作用效果,可以获得更好的焊接质量。

6.2　典型铝合金试验样件焊接加工

6.2.1　低温燃料贮箱锁底结构模拟样件焊接

5A06-O 铝合金是用于运载火箭低温燃料贮箱结构生产的主要结构材料,目前主要采用传统电弧焊工艺进行焊接加工,但极易出现气孔等焊接缺陷。为此,课题组与上海航天设备制造总厂合作,采用超音频脉冲方波变极性 TIG 焊接技术进行燃料贮箱锁底结构焊缝典型样件的焊接加工,进一步试验验证超音频脉冲方波变极性 TIG 焊接新技术的适用性能。焊前铝合金试件先用丙酮擦拭去除焊接试件表面油污,然后采用化学清洗方法(10% NaOH 溶液 + 15% HNO₃ 溶液按顺序浸洗)去除表面氧化膜,填充焊丝 ER5356 采用机械清理方法去除表面氧化膜。

采用该新型焊接工艺进行模拟试验样件焊接,图 6-16、图 6-17 以及图 6-18 所示为获得的不同对接形式 3 种典型试验样件的焊缝外观。

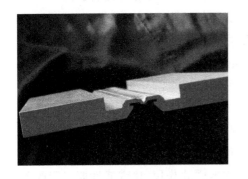

图 6-16　5A06-O 试验样件 1
(施焊部位 3 mm)焊缝外观

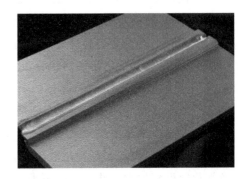

图 6-17　5A06-O 试验样件 2
(施焊部位 3 mm)焊缝外观

图 6-18　5A06-O 试验样件 3(施焊部位 3 mm)焊缝外观

图 6-19 和图 6-20 所示分别为样件 1 焊缝正面和背面外观。通过目测观察获得的焊缝可以发现,不同对接形式的 5A06-O 铝合金焊缝成形良好,表面光亮,经 X 射线探伤检测,3 种试验样件焊缝内部均未发现气孔等焊接缺陷。图 6-21 所示为样件 1 焊缝 X 射线探伤检验结果。

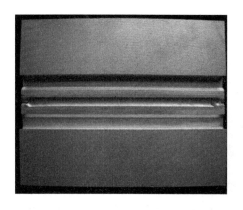 

图 6-19　样件 1 焊缝正面外观　　　　　图 6-20　样件 1 焊缝背面外观

图 6-21　样件 1 焊缝 X 射线探伤结果

6.2.2　异种铝合金薄板模拟样件焊接

国内某航空制品加工企业在采用传统电弧焊接工艺进行某关键部件"法兰盘(5A06)-薄壁件(3A21)"的异种铝合金焊接加工时,对接焊缝内部出现大量气孔缺陷以致无法满足产品设计和性能指标要求。课题组采用超音频脉冲方波变极性 TIG 焊接技术进行"5A06+3A21"异种铝合金(厚度为 1.5 mm)的对接焊接试验加工。焊前两种铝合金试件先用丙酮擦拭去除焊接试件表面油污,然后采用化学清洗方法(10％NaOH 溶液＋15％HNO3 溶液按顺序浸洗)去除表面氧化膜。

采用超音频脉冲方波变极性 TIG 焊接工艺进行模拟试验样件的焊接,图 6-22 和图 6-23 所示分别为实际获得的 1.5 mm 厚度 5A06＋3A21 平板对接试验样件焊缝正面和背面外观。通过目测观察可以明显看出,焊缝成形美观,表面光亮,经 X 射线探伤检测,如图 6-24 所示,在焊缝内部没有发现任何气孔等焊接缺陷。

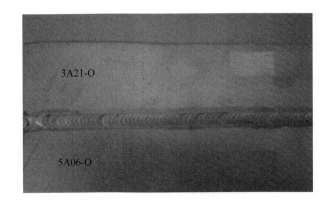

图 6-22 1.5 mm 5A06-3A21 试件焊缝正面外观

图 6-23 1.5 mm 5A06-3A21 试件焊缝背面外观

图 6-24 1.5 mm 5A06-3A21 焊缝成形 X 射线探伤结果

图 6-25 所示为采用超音频脉冲方波变极性 TIG 焊接工艺进行焊接加工的实体样件,通过目测观察和 X 射线探伤检测可以发现,焊缝成形良好,焊缝内部无任

何气孔等焊接缺陷。

图 6-25 典型试验样件焊缝成形外观

本 章 小 结

（1）在该焊机上开展的高强铝合金自动焊接加工试验表明,与常规变极性 TIG 焊接方法相比,超音频脉冲方波变极性 TIG 焊对减少甚至消除气孔等焊接缺陷、细化焊缝晶粒以及提高接头力学性能具有明显效果。基于参数一元化调节协调匹配方法自动给定参数时,有利于获得更加优异的焊接接头质量。

（2）将超音频脉冲方波变极性 TIG 焊接工艺用于航空航天典型结构件铝合金材料的焊接加工,解决了焊接加工中其他 TIG 电弧焊接工艺难以解决的气孔缺陷等问题,进一步验证了该新型焊接技术的适用性能,试验表明该新型焊接技术具有重要的工程应用价值。

第 7 章
超音频脉冲 TIG 焊不锈钢焊接适用性试验

基于所采用的"DSP+CPLD"控制方案,在超音频脉冲方波变极性 TIG 焊接电源试验平台上可柔性化实现多种焊接工艺。本章将在搭建的焊接试验平台上,以奥氏体不锈钢为对象开展自动焊接试验,研究焊机的电流特点与电弧特性、超音频 TIG 焊对焊缝组织的影响以及超音频 TIG 焊对焊接接头性能的影响,来进一步验证大功率超音频脉冲方波变极性 TIG 焊机的焊接适用性。

7.1 超音频直流脉冲 TIG 焊电流特点与电弧特性

根据表 3-1 中约定的焊接模式,当 DSP 传递的焊接模式控制信号 CTR 为"101"时,CPLD 器件产生的 PWM 输出即可使电源产生超音频脉冲方波直流电流输出。

7.1.1 超音频直流脉冲电源不锈钢 TIG 焊接电流波形

图 7-1 所示为超音频直流脉冲电源在钨极直径为 2.6 mm,基值电流 I_b 为 50 A,峰值电流 I_p 为 120 A,脉冲频率为 20 kHz,脉冲占空比为 50% 的情况下,采用直流正接方式焊接 5 mm 厚的 1Cr18Ni9Ti 不锈钢板时的实测电流波形,测量用示波器为 Tektronix 公司生产的 TPS3012 示波器。

图 7-2 所示为对图 7-1 所示波形调整主时基、对脉冲局部进行观测得到的对应的上升沿和下降沿波形。

图 7-3 和图 7-4 是脉冲频率为 30 kHz 时的波形和对应的沿变化波形。

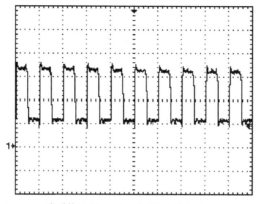

主时基t：50 μs/div　电流I_{po}：50 A/div

图 7-1　超音频直流脉冲 TIG 焊电流实测波形（20 kHz）

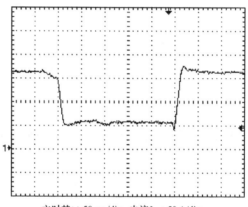

主时基t：50 μs/div　电流I_{po}：50 A/div

图 7-2　超音频直流脉冲 TIG 焊电流实测波形上升沿和下降沿（20 kHz）

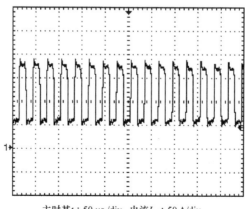

主时基t：50 μs/div　电流I_{po}：50 A/div

图 7-3　超音频直流脉冲 TIG 焊电流实测波形（30 kHz）

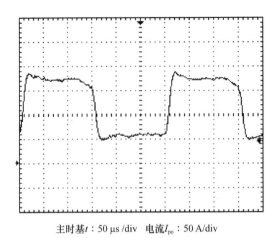

主时基 t：50 μs/div　电流 I_{po}：50 A/div

图 7-4　超音频直流脉冲 TIG 焊电流实测波形上升沿和下降沿（30 kHz）

从测试结果可以看出，所研制的原理样机可输出脉冲频率 ≥20 kHz 的超音频脉冲大电流，脉冲电流上升沿、下降沿的电流变化速率 di/dt ≥50 A/μs，能够满足超音频脉冲 TIG 焊大电流焊接的要求。

7.1.2　超音频直流脉冲电源不锈钢 TIG 焊接电弧特性

超音频脉冲 TIG 焊电弧在整个焊接过程中表现为纯阻性，超音频状态下电弧电压的变化与焊接电流的变化几乎同步。考虑到电流和电弧电压周期性脉动变化，超音频脉冲 TIG 焊焊接线能量的输入表现为单周期内电弧的平均功率与焊接速度的比值。为便于分析，假定超音频直流脉冲 TIG 焊的电流和电弧电压均为图 7-5 所示的理想方波。

超音频直流脉冲 TIG 焊电弧的平均功率为：

$$p = \frac{1}{T}\left(\int_0^T I(t)U(t)\,dt\right) = \frac{1}{T}\left(\int_0^{t_p} I(t)U(t)\,dt + \int_{t_p}^T I(t)U(t)\,dt\right) \quad (7\text{-}1)$$

在图 6-5 所示的理想情况下，

$$p = (I_P + I_b)(U_p + U_b) \times D + U_b I_b (1 - D) \quad (7\text{-}2)$$

其中：$D = t_p/T$，D 为占空比；U_p 为峰值电流 I_p 所对应的电弧电压；U_b 为基值电流 I_b 所对应的电弧电压。

在假定弧长稳定不变，工件材质、板厚均匀一致，氩气流量相同，电弧加热工件的热效率稳定且焊接速度保持不变的情况下，若电弧的平均功率等效，则输入工件的线能量等效。如图 7-5 所示超音频直流脉冲 TIG 焊接工艺输入工件的焊接线能量与平均等效功率相同的常规直流 TIG 焊接工艺相同,设常规直流 TIG 焊工艺的焊接电流为 I_{av},电弧电压为 U_{av},则有:

$$U_{av}I_{av} = p \tag{7-3}$$

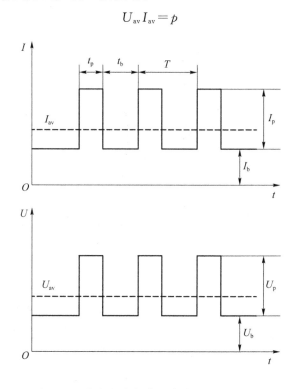

图 7-5 理想的超音频直流脉冲电流、电压波形

在表 7-1 所示的焊接工艺条件下重熔 5 mm 厚的 1Cr18Ni9Ti 的不锈钢板,发现弧长 2~5 mm 的超音频直流脉冲 TIG 焊电弧呈钟罩型,而 160 A 直流 TIG 焊电弧呈碟型。在弧长 3 mm 的情况下,30 kHz 直流脉冲 TIG 焊获得的焊缝熔深 $H \geqslant$ 4 mm,熔宽 $B = 7$ mm。而采用电流 160 A 弧长 3 mm 的常规直流 TIG 焊接工艺时,获得的焊缝熔深 $H = 3.5$ mm,熔宽 $B \geqslant 8$ mm。根据焊接过程的实测波形结合式(7-1)和式(7-3)分析,表 7-1 所示 160 A 直流 TIG 焊输入的平均功率高于与 30 kHz 直流脉冲 TIG 焊的平均功率。以上试验说明,与常规直流 TIG 焊工艺相比,在同等功率条件下,采用超音频脉冲 TIG 焊工艺所获得的焊缝熔深较大。

在表 7-1 所示的焊接工艺条件下重熔 5 mm 厚的 1Cr18Ni9Ti 的不锈钢板,即使电弧弧长被提高到 18 mm,超音频直流脉冲电弧仍能够稳定燃烧,并且挺度仍较好。160 A 直流电弧在弧长提高到 15 mm 时,电弧已经发散。

表 7-1　试验电弧稳定性所用焊接工艺参数

项目	直流脉冲参数	直流参数
基值电流 I_b/A	80	160
峰值电流 I_p/A	120	—
脉冲电流频率/kHz	30	—
占空比/%	20	—
氩气流量/(L·min^{-1})	12	12
焊接速度/(m·h^{-1})	9.2	9.2

以上试验现象表明大功率超音频直流脉冲 TIG 焊接电弧在超音频状态时,高频电磁场洛伦滋力的作用使电弧收缩,电弧的挺度增强,穿透力增大,说明大功率超音频直流脉冲 TIG 焊电弧具有小功率超音频直流脉冲 TIG 焊电弧"电弧高频效应"的特性。

7.2　超音频 TIG 焊对焊缝组织的影响

试验发现 30 kHz 的电流脉冲频率焊接奥氏体不锈钢是比较合适的电流脉冲频率。在表 7-2 所示的工艺条件下以 30 kHz 的直流脉冲电弧重熔 5 mm 厚的 1Cr18Ni9Ti 来研究超音频电流脉冲对不锈钢焊接焊缝组织的影响。表 7-2 所示的直流参数是在根据式(7-1)和式(7-3),保证常规直流焊接工艺的平均功率大于超音频直流脉冲的等效平均功率的基础上,并进一步提高常规直流 TIG 焊工艺的焊接电流直到所形成的焊缝外观与超音频直流脉冲工艺大致相同时候的焊接工艺参数。30 kHz 超音频直流脉冲重熔不锈钢钢板的焊缝外观照片如图 7-6 所示。

表 7-2　试验超音频 TIG 焊对焊缝组织影响时所用焊接工艺参数

项目	直流脉冲参数	直流参数
基值电流 I_b/A	30	130
峰值电流 I_p/A	130	—
脉冲电流频率/kHz	30	—
占空比/%	20	—
氩气流量/(L·min^{-1})	12	12
焊接速度/(m·h^{-1})	9.6	9.6
钨极直径/mm	2.6	2.6
焊接姿态	水平焊接	水平焊接

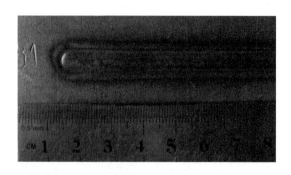

图 7-6 30 kHz 超音频直流脉冲重熔 1Cr18Ni9Ti 焊缝外观

图 7-7 是超音频脉冲 TIG 焊与直流 TIG 焊的焊缝熔合区附近组织金相对比。图 7-7(a)是采用在表 7-2 所示的工艺条件下以 30 kHz 的直流脉冲电弧重熔 5 mm 厚的 1Cr18Ni9Ti 不锈钢的熔合区附近组织 200 倍金相照片。图 7-7(b)是其他工艺参数保持不变,以直流电流 130 A 重熔同种材料的熔合区附近组织 200 倍金相照片。图 7-7(b)所示的直流 TIG 焊的金相图从母材(图左)到焊缝(图右)之间的组织变化为:在母材上为沿轧制方向被拉长的奥氏体晶粒,在熔合线附近靠近母材一侧为相互平行的板条状 δ-铁素体伸入到粗大的奥氏体晶界内,靠近焊缝一侧为粗大的奥氏体胞状树枝晶基体上分布有骨架状 δ-铁素体。图 7-7(a)所示的超音频直流脉冲 TIG 焊的金相与图 7-7(b)所示的直流 TIG 焊的金相比较,粗大的奥氏体胞状树枝晶所占区域较窄,从粗晶区到焊缝一侧,蠕虫状 δ-铁素体分布在细小的奥氏体等轴晶基体上。熔合区作为一个晶粒粗大、成分不均匀的区域,是焊接接头的薄弱环节,在超音频直流脉冲 TIG 焊的作用下,可以看到熔合区的粗大晶粒有细化现象。

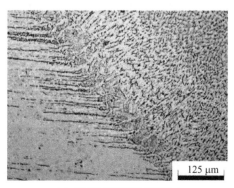

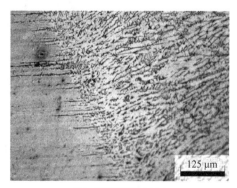

(a) 30 kHz直流脉冲焊(200×)   (b) 直流TIG焊(200×)

图 7-7 超音频脉冲 TIG 焊与直流 TIG 焊的焊缝熔合区金相对比

图 7-8 是超音频脉冲 TIG 焊与直流 TIG 焊的焊缝粗晶区金相对比。图 7-8(a)是采用在表 7-2 所示的工艺条件下以 30 kHz 的直流脉冲电弧重熔 5 mm 厚的 1Cr18Ni9Ti 不锈钢的粗晶区 200 倍金相照片。图 7-8(b)是其他工艺参数保持不变,以直流电流 130 A 重熔同种材料的粗晶区 200 倍金相照片。

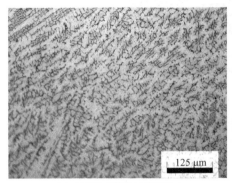

(a) 30 kHz直流脉冲焊(200×)　　　　　　　(b) 直流TIG焊(200×)

图 7-8　超音频脉冲 TIG 焊与直流 TIG 焊的焊缝粗晶区金相对比

图 7-9 是超音频脉冲 TIG 焊与直流 TIG 焊的焊缝中心区金相对比。图 7-9(a)是采用在表 7-2 所示的工艺条件下以 30 kHz 的直流脉冲电弧重熔 5mm 厚的 1Cr18Ni9Ti 不锈钢的中心区 500 倍金相照片。图 7-9(b)是其他工艺参数保持不变,以直流电流 130 A 重熔同种材料的中心区 500 倍金相照片。

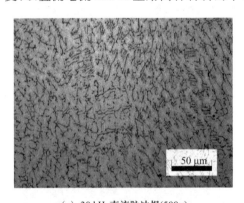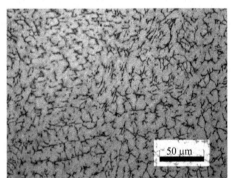

(a) 30 kHz直流脉冲焊(500×)　　　　　　　(b) 直流TIG焊(500×)

图 7-9　超音频脉冲 TIG 焊与直流 TIG 焊的焊缝中心区金相对比

采用超音频直流脉冲 TIG 焊,熔池在 1 秒钟内要受到上万次脉动的等离子力作用,即熔池要受到电弧超声波振动和强烈的机械搅拌作用。对比图 7-8 和图 7-9 所示直流 TIG 焊与超音频直流脉冲 TIG 焊的金相,对于 1Cr18Ni9Ti 奥氏体不锈钢焊缝熔池,初生的 δ-铁素体枝晶受到电弧超声波振动、搅拌作用,部分正在生长的枝晶被打碎,相当于使形核率增加,即增加了结晶中心数量,改变了结晶形态。因此,使得焊缝中心出现了更多的奥氏体等轴晶,并使粗大树枝晶所占区域缩小。上述结果表明,超音频直流脉冲 TIG 焊机所产生的电弧超声,能抑制粗晶区的生长细化焊缝晶粒,提高焊接接头性能。

7.3　超音频 TIG 焊对焊接接头性能的影响

7.3.1　材质为 301L 奥氏体不锈钢的焊接接头性能试验

采用表 7-3 所示的焊接工艺参数,以 2 mm 左右的弧长焊接 5 mm 厚的 301L 奥氏体不锈钢板材,开"Y"型坡口可一次性焊透。表 7-3 中直流参数是在根据式(7-1)和式(7-3)保证平均功率大于超音频直流脉冲的等效平均功率的基础上,进一步提高焊接电流直到能一次性焊透板材时候的电流。

表 7-3　焊接 301L 不锈钢钢板时所用焊接工艺参数

项目	直流脉冲参数	直流参数
基值电流 I_b/A	80	145
峰值电流 I_p/A	120	—
脉冲电流频率/kHz	30	—
脉冲占空比/%	20	—
氩气流量/(L·min^{-1})	12	12
焊接速度/(m·h^{-1})	9.6	9.6
钨极直径/mm	2.6	2.6
焊丝材质	309L	309L
焊接姿态	水平焊接	水平焊接

根据 GB/T228—2002 制备拉伸样板,拉伸试样规格尺寸如图 7-10 所示。拉伸试验的外观如图 7-11 所示。

301L 不锈钢的拉伸试验结果如表 7-4 和表 7-5 所示。表 7-4 是 30 kHz 超音频直流脉冲 TIG 焊焊 5 mm 厚 301L 奥氏体不锈钢的拉伸试验结果,表 7-5 是直流 145 A 焊同种材料的拉伸试验结果,试验委托单位为国家钢铁材料测试中心。

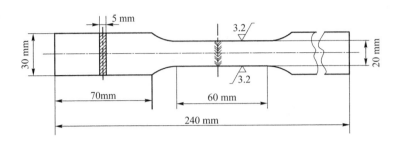

图 7-10　拉伸试样具体尺寸

（a）30 kHz直流脉冲焊

（b）直流145A焊

图 7-11　材质为 301L 不锈钢钢板的拉伸试样外观

对比表 7-4 和表 7-5 的拉伸试验结果，可以发现采用 30 kHz 超音频脉冲 TIG 焊焊接 301L 的奥氏体不锈钢与普通直流焊接方式相比，可使对接接头的力学性能得到增强，抗拉强度和断后伸长率都大大提高。

表 7-4　30 kHz 焊 301L 不锈钢的拉伸试验结果

试验标准	试验温度/℃	拉伸速率/(mm·min⁻¹)	抗拉强度 R_m/Mpa	断后伸长率 A/%
GB/T228—2002	25	2	815	22.5

表 7-5　直流 145 A 焊 301L 不锈钢的拉伸试验结果

试验标准	试验温度/℃	拉伸速率/(mm·min⁻¹)	抗拉强度 R_m/Mpa	断后伸长率 A/%
GB/T228—2002	25	2	640	10.5

7.3.2　材质为 0Cr18Ni9Ti 奥氏体不锈钢的焊接接头性能试验

1. 焊接接头拉伸试验

采用表 7-6 所示的焊接工艺参数，以 2 mm 左右的弧长焊接 5 mm 厚的 0Cr18Ni9Ti 奥氏体不锈钢板材，开"Y"型坡口可一次性焊透。表 7-6 中直流参数的选取方式与 7.3.1 小节所述的选取方式相同。根据 GB/T228—2002 制备拉伸样板,拉伸试样规格尺寸也如图 7-10 所示。试样拉断后的外观如图 7-12 所示。

表 7-6　试验超音频 TIG 焊对焊缝组织影响时所用焊接工艺参数

项目	直流脉冲参数	直流参数
基值电流 I_b/A	100	170
峰值电流 I_p/A	120	—
脉冲电流频率/kHz	30	—
占空比/%	20	—
氩气流量/(L·min⁻¹)	12	12
焊接速度/(m·h⁻¹)	9.6	9.6
钨极直径/mm	2.6	2.6
焊丝材质	309L	309L
焊接姿态	水平焊接	水平焊接

(a) 30 kHz超音频脉冲TIG焊　　　　(b) 直流170 A焊

图 7-12　0Cr18Ni9Ti 拉伸试样拉断后的外观图

0Cr18Ni9Ti 的拉伸试验结果如表 7-7 和表 7-8 所示。表 7-7 是 30 kHz 超音频直流脉冲 TIG 焊焊 5 mm 厚 0Cr18Ni9Ti 奥氏体不锈钢的拉伸试验结果,表 7-8 是直流 170 A 焊同种材料的试验结果,试验委托单位为国家钢铁材料测试中心。

表 7-7　30 kHz 焊 0Cr18Ni9Ti 不锈钢的拉伸试验结果

试验编号	试验标准	试验温度/℃	拉伸速率/ (mm·min⁻¹)	抗拉强度 R_m/Mpa	断后伸长率 A/%
3-1	GB/T228—2002	25	2	645	38
3-2	GB/T228—2002	25	2	630	35.5
3-3	GB/T228—2002	25	2	655	40

表 7-8 直流 170 A 焊 0Cr18Ni9Ti 不锈钢的拉伸试验结果

试验编号	试验标准	试验温度/℃	拉伸速率/ (mm·min⁻¹)	抗拉强度 R_m/Mpa	断后伸长率 A/%
4-1	GB/T228—2002	25	2	590	32
4-2	GB/T228—2002	25	2	595	33.5
4-3	GB/T228—2002	25	2	625	34.5

对比表 7-7 和表 7-8 的拉伸试验结果,可以发现采用 30 kHz 超音频脉冲 TIG 焊焊接 0Cr18Ni9Ti 的奥氏体不锈钢与普通直流焊接方式相比,可使对接接头的力学性能得到增强,抗拉强度平均增强 4 Mpa,断后伸长率平均提高 5%。

2. 拉伸断口形貌

如图 7-13 所示是 30 kHz 超音频直流脉冲 TIG 焊方式拉伸试样 3-2 的微观形貌电镜扫描照片断口照片。图 7-14 则是常规 170 A 直流 TIG 焊方式拉伸试样 4-2 的断口扫描照片。

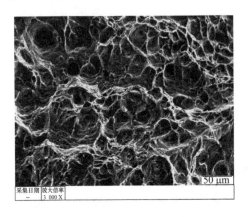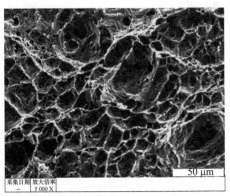

图 7-13 拉伸断口微观形貌(30 kHz 超音频直流脉冲 TIG 焊)

从图 7-13 可以看出,采用 30 kHz 超音频直流脉冲焊接方式的拉伸试样断口上有大量韧窝并成网状分布,断裂属于微孔聚集性延性断裂,断口为韧性断口。从图 7-14 可以看出采用普通直流 TIG 焊接方式的拉伸试样断口上出现小平面特征的断裂区域,而且在小平面之间存在撕裂棱,断裂属于准解理断裂,断口为韧脆混合断口。出现这种现象的原因是超音频直流脉冲 TIG 焊接方式的焊缝晶粒比普通直流方式的晶粒组织细小,细小的组织提高了材料的塑性、韧性等力学性能。

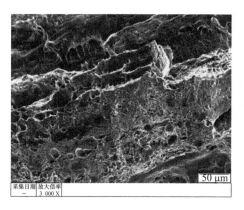 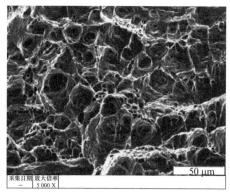

图 7-14 拉伸断口微观形貌(普通直流 TIG 焊)

本 章 小 结

(1) 试验表明:研制的超音频脉冲方波变极性 TIG 焊接电源平台上可以柔性化实现多种焊接工艺,便于针对不锈钢负载开展直流脉冲 TIG 焊机试验,且基值电流、峰值电流、脉冲电流频率和占空比均独立可调,电流脉冲频率可达 20 kHz 以上,且脉冲电流的上升沿和下降沿变化速率 $\mathrm{d}i/\mathrm{d}t \geqslant 50 \ \mathrm{A}/\mu\mathrm{s}$。

(2) 不锈钢焊接试验表明新型超音频直流脉冲 TIG 焊机所产生的电弧不仅具有小电流直流高频脉冲 TIG 焊接所具有的电弧高频效应,而且超音频直流脉冲 TIG 焊接电弧所具有的电弧超声作用能细化焊缝晶粒,提高接头性能。

结论与展望

本书针对现有复合超音频脉冲方波变极性 TIG 焊接电源优化控制,结合实际应用场合焊接需要,主要对数字化电源控制系统、波形变换控制技术以及电流特征参数一元化调节的实现技术进行了深入的研究。在此基础上,以高强铝合金为试验对象,进一步开展了焊接适用性以及应用研究。本书主要研究成果和结论有以下几个方面。

(1) 为实现具备快速电流极性变换和快速电流沿变化速率的复合超音频脉冲方波变极性电流输出,深入分析了主电路拓扑中桥式极性变换电路和正、反向峰值切换电路的控制方案,并提出了一种能够实现 IGBT 器件瞬时切换的临界共同导通控制策略,使焊接电源在实现电流过零无死区时间快速极性变换的同时,可获得快速的电流上升沿和下降沿变化速率(电流沿变化速率 $di/dt \geqslant 50~A/\mu s$)。

(2) 针对超音频脉冲方波变极性 TIG 焊接方法中可调电流特征参数众多导致焊接工艺复杂且参数设定和调节不便的不足,结合电弧压力和焊缝成形试验,提出了一种电流特征参数一元化调节协调匹配方案。基于该一元化调节协调匹配方案实现了以正极性期间平均电流为调节量对电弧平均输入功率进行有效调节、其他电流特征参数自动优化匹配的效果,达到了简化电流特征参数设定的目的。

(3) 基于三级并行级联主电路拓扑,将 DSP 器件便捷的 PWM 输出功能和 CPLD 器件灵活的逻辑组合功能相结合,提出了一种由 DSP+CPLD 产生数字化 PWM 输出的波形变换和控制方案,并研制出基于 DSP 和 MCU 的双 CPU 全数字化焊接电源控制系统。应用该控制系统可靠实现了前级峰值电流切换电路以及后级桥式极性变换电路的同步变换和协同控制,并成功实现了复合超音频脉冲方波变极性电流特征参数的精确控制和灵活独立调节。

(4) 开展的铝合金焊缝成形以及电弧压力试验研究结果表明,与常规变极性电弧焊接工艺相比,超音频脉冲方波变极性电弧焊接工艺中由于超音频脉冲电流的引入,电弧能量密度及电弧挺度增加,从而提高了焊接电弧压力,并对铝合金的焊缝成形产生重要影响,焊缝熔深和熔宽明显增加,焊缝深宽比可至少提高约20%;在正极性期间平均电流一定的条件下,在一定范围内减小占空比并提高脉冲电流幅值,有利于增加电弧压力和提高焊缝深宽比。

(5) 在研制的超音频脉冲方波变极性 TIG 焊接平台上开展了铝合金自动焊接加工试验,并对不同焊接工艺下所得焊接接头从焊缝成形、显微组织以及力学性能等方面进行了检测分析。初步试验结果表明,与常规变极性焊接工艺相比,超音频脉冲方波变极性 TIG 焊接工艺在减少甚至消除焊缝气孔等缺陷、细化晶粒以及提高焊接接头力学性能方面具有显著效果;基于电流特征参数一元化调节协调匹配方法自动给定参数时,具有更好的焊接性能。典型航空航天应用场合的铝合金自动加工试验表明,该新型焊接技术能很好地解决其他 TIG 电弧焊接工艺难以解决的气孔缺陷等影响焊接质量的问题,具有重要的工程应用价值。

针对超音频脉冲方波变极性 TIG 焊接电源数字化控制系统以及波形变换和控制技术等基础内容,本书已经进行了较为深入的分析研究,同时本书还通过电弧压力和焊缝成形试验初步实现了参数一元化调节协调匹配方案,并通过焊接适用性试验验证了该调节方案的可行性,为该项技术在实际工程领域的推广应用奠定了基础。在后续工作中,可以在如下两个方面深入开展研究:

(1) 由于焊接质量与焊接材料本身特性密切相关,为使该焊接电源参数一元化调节方案更具可行性,应以多种铝合金材料为试验对象进一步开展焊接工艺研究,完善已有参数一元化调节方案;

(2) 在实际焊接场合往往存在很多影响焊缝成形的干扰因素,为使该新型焊接技术能够满足高质量焊接需求,应结合已开展的焊接工艺试验,开展焊缝成形实时控制研究,从而实现超音频脉冲方波 TIG 焊接过程的自动控制。

参考文献

［1］ 郭恩明.航空先进制造技术发展趋势［J］.航空制造技术，2007 增刊：1-5.

［2］ 王亚军，卢志军.焊接技术在航空航天工业中的应用和发展建议［J］.航空制造技术，2008，(16)：26-31.

［³］ 耿正，张广军，等.铝合金变极性 TIG 焊工艺特点［J］.焊接学报，1997，18(4)：232-237.

［4］ FUERSCHBACH P W. Cathodic cleaning and heat input in variable polarity plasma arc welding of aluminum ［J］. Welding Research Supplement，1998，77(2)：76-85.

［5］ MIYASAKA F，OKUDA T，OHJI T. Effect of current wave-form on AC TIG welding of aluminum alloys ［J］. Welding International，2005，19：370-374.

［6］ SCOTTI，DUTRA J C，FERRARESI V A. The influence of parameter settings on cathodic self-etching during aluminum welding［J］. Journal of Materials Processing Technology，2000，100：179-187.

［7］ 李晓红，毛唯，熊华平.先进航空材料和复杂构件的焊接技术［J］.航空材料学报，2006，26(3)：276-282.

［8］ WANG S C，LEFEBVRE F，YAN J L，et al. VPPA welds of Al-2024 alloys：analysis and modeling of local microstructure and strength［J］. Materials Science and Engineering A，2006，431：123-136.

［9］ PICHER P，BOLDUC L，DUTIL A. Study of the acceptable DC current limit in core-form power transformer［J］. IEEE Trans. Power Deliv. 1997，12(1)：257-263.

［10］ NUNES A C，BAYLESS E O，JONES C S，et al. Variable polarity plasma arc welding on the space shuttle external tank[J]. Welding Journal,1984，63：27-35.

[11] 廖锡亮.脉冲电流对金属凝固组织的影响[D].上海：上海大学，2007.

[12] CONRAD H. Effects of electric current on solid state phase transformation in metals[J]. Mater. Sci. Eng. A，2000,287：227-237.

[13] XIAO S H，GUO J D，WU S D,et al. Recrystallization in fatigued copper single crystals under electropulsing[J]. Scripta Mater，2002,46：1-6.

[14] Zhou H，HIRAO K，YAMAUCHI Y，et al. Effects of heating rate and particle size in pulse electric current sintering of alumina[J]. Scripta Mater，2003,48：1631-1636.

[15] 闫思博，宋永伦.数字控制复合型高频脉冲 TIG 焊接系统及其工艺特性[J].焊接学报，2011,32（7）：71-74.

[16] KUMAR A. Effect of welding parameters on mechanical properties and optimization of pulsed TIG welding of Al-Mg-Si alloy[J]. Int J Adv Manuf Technol，2009,42：118-125.

[17] TRAIDIA A. Optimal parameters for pulsed gas tungsten arc welding in partially and fully penetrated weld pools[J]. International Journal of Thermal Sciences,2010,49：1197-1208.

[18] ZENG X M. Welding with high-frequency square-wave AC arcs[J]. IEE Proceedings,1990,137A：193-198.

[19] FUDE W. Morphology investigation on direct current pulsed gastungsten arc welded additive layer manufacturedTi6Al4V alloy[C]. Int J Adv Manuf Technol,2011,4.

[20] PALANI P K，MURUGAN N. Selection of parameter of pulsed current gas metal arc welding［J］. Journal of Material Processing Technology，2006,172：1-10.

[21] BALASUBRAMANIAN M，JAYABALAN V. Optimizing the Pulsed Current Gas Tungsten Arc Welding Parameters[J]. Journal of Material Science&Technology,2006,22(6)：821-825.

[22] ONUKI J，YOSHIA A Y，NIHEI M，et al. Development of a new high-frequency ，high-peak current power source for high constricted arc formation［J］. Japanese Journal of Applied Physics，2002，41（9）：

5821-5826.

[23] GHOSH P K, DORN L, MARC H, et al. Arc characteristics and behavior of metal transfer in pulsed current GMA welding of aluminum alloy[J]. Journal of Materials Processing Technology, 2007,194:163-175.

[24] MANTI R, DWIVEDI D K. Micro-structure of Al-Mg-Si weld joints produced by pulse TIG welding [J]. Materials and Manufacturing Processes,2007,22:57-61.

[25] 赵家瑞.高频脉冲 TIG 焊的电弧控制与高频效应[J].天津大学学报,1989, (3):25-32.

[26] COOK G E, MERRICK G J. Arc energy relations in pulse current welding process[C]. Proc. 2nd Int. Symp. Japan Welding Society,1975.

[27] 赵家瑞.电流脉冲频率对 TIG 焊电弧影响机理的研究[J].电焊机,1993,23 (2):16-18.

[28] 殷树言,王其隆,何景山,等.小电流高频脉冲 TIG 焊电弧稳定性的研究 [J].金属科学与工艺,1987,6(4):97-106.

[29] 牛永,宋永伦,曾周末.小电流脉冲 TIG 弧谐振现象及其交流阻抗特性分析 [J].焊接学报,2011,32(2):13-16.

[30] 宋永伦.高性能焊接电弧的研究与应用[J].电焊机,2013,43 (3):1-5.

[31] PRAVEEN P, YARLAGADDA P K D V. Meeting challenges in welding of aluminum alloys through pulse gas metal arc welding[J]. Journal of Materials Processing Technology, 2005,164-165 (5):1106-1112.

[32] 朱志明,周雪珍,符策健,等.脉冲变极性弧焊逆变电源数字化控制系统[J]. 焊接学报,2007,28(7):5-8,12.

[33] 牛永,曾周末,宋永伦.基于 STM32 的脉冲变极性弧焊控制系统设计[J].电子技术应用,2010,3:38-41.

[34] 廖平,黄鹏飞,卢振洋,等.脉冲变极性 MIG 焊控制系统[J].焊接学报, 2006,27(3):53-56.

[35] 李霖.铝合金 VPTIG 焊 T 型接头工艺及疲劳与变形的研究[D].天津:天津大学, 2011.

[36] 邱灵,范成磊,林三宝,等.高频脉冲变极性焊接电源及电弧压力分析[J].焊接学报, 2007,28 (11):81-84.

[37] 邱灵,杨春丽,林三宝.高频脉冲变极性焊接工艺性能研究[J].焊接,2007,

(7):35-38.

[38] 闫思博.高频耦合电弧热源特性及工艺性研究[D].北京:北京工业大学,2012.

[39] 陈树君,张宝良,殷树言.双脉冲变极性波形对铝合金 TIG 焊焊接质量的影响[J].电焊机,2006,36(2):7-10.

[40] 春兰,韩永全,赵芙蓉,等.脉冲变极性等离子弧焊接系统及其特征信号分析[J].机械工程学报,2014,50(18):59-64.

[41] 从保强,齐铂金,周兴国,等.高强铝合金复合脉冲 VPTIG 焊缝组织和性能[J].北京航空航天大学学报,2010,36(1):1-5.

[42] 从保强,齐铂金,周兴国,等.超音频脉冲方波电流参数对 2219 铝合金焊缝组织和力学性能的影响[J].金属学报,2009,45(9):1057-1162.

[43] 从保强,齐铂金,周兴国,等.复合脉冲方波电流频率对 5A06 铝合金焊缝组织和性能的影响[J].焊接学报,2010,31(1):89-92.

[44] CONG Baoqiang, YANG Mingxuan, Qi Bojin, et al. Effects of pulse parameters on arc characteristics and weld penetration in hybrid pulse VP-GTAW of aluminum alloy [J]. China Welding,2010,19(4):68-72.

[45] 何滨华.基于双处理器的脉冲 MIG 焊电源数字化控制系统的研究[D].天津:天津大学,2008.

[46] 段彬.全数字脉冲逆变焊接电源控制策略与应用的研究[D].济南:山东大学,2010.

[47] 姚屏.一体化双丝弧焊电源智能控制策略与工艺性能研究[D].广州:华南理工大学,2012.

[48] 李鹤歧,李春旭,高忠林,等.基于DSP-MCU实现焊接电源系统数字化控制的设计[J].焊接学报,2005,26(3):17-20.

[49] 伍昀.高频变极性弧焊电源的研究[D].哈尔滨:哈尔滨工业大学,2006.

[50] 包晔峰,吴毅熊.铝合金熔化极脉冲气体保护焊的控制方法及参数整定[J].上海交通大学学报,2002,12(36):56-58.

[51] 李志刚,朱锦洪,石红信,等.Fronius 数字化焊机 TPS4000 工艺性能研究[J].电焊机,2009,39(3):97-100.

[52] 杭争翔,甘洪岩,李利.CO_2 焊接参数一元化研究[J].沈阳工业大学学报,2006,28(1):25-28.

[53] 程忠诚.基于 Zigbee 技术的单片机控制 CO_2 气保焊机研究[D].镇江:江苏

科技大学,2014.

[54] 蒋成燕.脉冲 MIG 焊参数一元化研究[D].兰州:兰州理工大学,2013.

[55] 俞建荣,蒋力培,孙振国,等.CO₂ 焊机一元化智能控制系统[J].焊接学报,2001,22(3):37-38.

[56] 赵雪纲.PMIG 弧焊电源数字化控制策略的研究与实现[D].济南:山东大学,2011.

[57] 张红卫,姜乘风,张晓莉,等.脉冲 MIG 焊一元化参数专家数据库[J].电焊机,2013,43(3):91-96.

[58] 薛家祥,姜乘风,张晓莉,等.基于最小二乘法的脉冲 MIG 焊参数一元化调节[J].焊接学报,2014,35(8):75-78.

[59] 林放,黄文超,陈小峰,等.基于局部牛顿插值的数字化焊机参数自调节算法[J].焊接学报,2011,32(3):33-36.

[60] 林放,陈小峰,魏仲华,等.双脉冲 MIG 焊专家数据库的曲线拟合方法研究[J].电焊机,2011,41(8):93-96.

[61] 从保强.高强铝合金快速变换符合超音频脉冲 VPTIG 焊接技术研究[D].北京:北京航空航天大学,2009.

[62] 陈善本,等.焊接过程现代控制技术[M].哈尔滨:哈尔滨工业大学出版社,2001.

[63] 刘和平.dsPIC 通用数字信号控制器原理及应用[M].北京:北京航空航天大学出版社,2007.

[64] 肖踞雄,翁铁成,宋中庆.USB 技术及应用设计[M].北京:清华大学出版社,2003.

[65] 高鑫.嵌入式 USB 主机系统的设计研究[D].合肥:合肥工业大学,2005.

[66] 贾西欧.16 位单片机 C 语言编程:基于 PIC24[M].北京:人民邮电大学出版社,2010.

[67] 李磊,宋建成,田慕琴,等.基于 DSP 和 RS485 总线的液压支架电液控制通信系统的设计[J].煤炭学报,2010,35(4):701-704.

[68] 黄松涛,耿琳,黄再辉,等.基于液晶和触摸屏的数字电源人机交互系统设计[J].电子测量技术,2012,35(12):87-89,98.

[69] 闫飞飞,石春,吴刚,等.基于触摸屏和 PLC 的电动缸自动测试系统设计[J].机床与液压,2010,38(14):37-40.

[70] 潘悦,佟为民,赵志衡.基于 C8051F02x 单片机的 Modbus 实验系统[J].仪

器仪表学报,2007,28(4):304-306,327.

[71] 孟华,王鹏达,李明伟.基于 Modbus 协议的触摸屏与 PIC 单片机的实现 [J].仪表技术与传感器,2009,10:58-60,75.

[72] 顾波飞,赵伟杰,吴开华.基于 Modbus 协议的单片机与触摸屏通信设计 [J].机电工程,2012,29(1):104-107.

[73] 于春磊,吴凤军,高大庆,等.基于单片机的重离子医用治疗装置数字电源监 控系统设计[J].核电子学与探测技术,2013,33(11):1338-1341.

[74] 李剑锋.新的高性能 CRC 查表算法[J].计算机应用,2011,31(1):181- 182,211.

[75] 黄石生.弧焊电源及其数字化控制[M].北京:机械工业出版社,2006.

[76] 陶永华,尹怡欣,葛芦生.新型 PID 控制及其应用[M].北京:机械工业出版 社,1998.

[77] 余永权,汪明慧,黄英.单片机在控制系统中的应用[M].北京:电子工业出 版社,2003.

[78] 从保强,齐铂金,周兴国,等.5A06 铝合金超快变换极性 VPTIG 焊接工艺 [J].航空制造技术,2009,(5):74-77.

[79] 齐铂金,从保强.新型超快变换复合脉冲变极性弧焊电源拓扑[J].焊接学 报,2008,29(11):57-60.

[80] 陈杰,朱志明.新型变极性电源二次逆变电路拓扑及其控制策略[J].焊接学 报,2003,30(2):29-33.

[81] 王超.数字化变极性 TIG 焊接电源的研究[D].济南:山东大学,2010.

[82] 骆德阳,方培泉,张恒辉,等.快速过零逆变交流方波电源研制[J].电焊机, 2003,28(6):28-30.

[83] 张广军,耿正,李俐群,等.方波交流电源的稳弧措施研究[J].焊接学报, 1999,12:1-5.

[84] 伍昀.高频变极性弧焊电源的研究[D].哈尔滨:哈尔滨工业大学,2006.

[85] 齐铂金,许海鹰,黄松涛.超音频方波直流脉冲弧焊电源装置:中国, 200710120831.2[P].2008-02-20.

[86] 刘和平.TMS320LF240x DSP 结构、原理及应用[M].北京:北京航空航天 大学出版社,2002.

[87] 梁海浪.dsPIC 数字信号控制器 C 程序开发与应用[M].北京:北京航空航 天大学出版社,2006.

[88] COOK G E, EASSA E H. The effect of high-frequency pulsing of a welding arc[J]. IEEE Transactions on Industry Application, 1985, 1A-21 (5):1294-1299.

[89] 李森. 铝合金 VPTIG 焊 T 型接头工艺及疲劳与变形的研究[D]. 天津:天津大学, 2011.

[90] SARRAFI R, LIN D, KOVACEVIC R. Real-time observation of cathodic cleaning during variable-polarity gas tungsten arc welding of aluminium alloy[J]. Journal of Engineering Manufacture, 2009, 223(B):1143-1157.

[91] OUYANG J, WANG H, KOVACEVIC R. Rapid proto-typing of 5356-aluminium alloy based on variable polarity gas tungsten arc welding: process control and microstructure[J]. Mater. Mfg Processes, 2002, 17 (1):103-124.

[92] SARRAFI R , LIN D, KOVACEVIC R . Real-time observation of cathodic cleaning during variable-polarity gas tungsten arc welding of aluminum alloy [J]. Proceedings of the Institution of Mechanical Engineers, 2009, 223:1143-1157.

[93] YARMUCH M A R , PATCHETT B M. Variable AC polarity GTAW fusion behavior in 5083 aluminium[J]. Weld Journal, 2007, 86(7):196-200.

[94] FUERSCHBACH P W. Cathodic cleaning and heat input invariable polarity plasma arc welding of aluminium[J]. Welding Journal, 1998, 77 (2), 76-85.

[95] 安腾弘平, 长谷川光平. 焊接电弧现象 [M]. 北京：机械工业出版社, 1985.

[96] 贾昌申, 肖克明, 殷咸青. 焊接电弧的等离子流力研究[J]. 西安交通大学学报, 1994, 28(1):23-28.

[97] 杨明轩, 齐铂金, 从保强, 等. 快变换超音频直流脉冲 GTAW 电弧行为[J]. 北京航空航天大学学报, 2012, 38(4):468-471.

[98] PRAVEEN P, YARLAGADDA M J, KANG. Advancements in pulse gas metal arc welding[J]. Journal of Materials Processing Technology, 2005, 164/165(0):1113-1119.

[99] 赵家瑞. 电流脉冲频率对焊电弧影响机理的研究[J]. 电焊机, 1993, (2): 16-18.

［100］ 屠世润，高越，等. 金相原理与实践[M]. 北京：机械工业出版社，1990.

［101］ 中国标准出版社第二编辑室. 有色金属工业标准汇编金相检验方法和无损检验方法[S]. 北京：中国标准出版社，2001.

［102］ GUTIERREZ A，LIPPOLD J C. A proposed mechanism for equiaxed grain formation along the fusion boundary in aluminium-copper-lithium alloy[J]. Welding Journal，1998，77(3)：123-132.

［103］ REDDY G M，REDDY A A，GOKHALE K，PRAFAD K S. Chill zone formation in Al-Li alloy welds[J]. Science and Technology of Welding and Joining，1998，3(4)：208-212.

［104］ LIN D C，WANG G X，SRIVATSAN T S. A mechanism for the formation of equiaxed grains in welds of aluminium-lithium alloy 2090 [J]. Materials Science and Engineering A，2003，351：304-309.

［105］ 屠海令，干勇. 金属材料理化测试全书[M]. 北京：化学工业出版社，2007.

［106］ KLESTRUP J. Properties of Friction Stir Welded Joints in the Aluminum Alloys 2024，5083，6082/6060 and 7075. 5th International Symposium on Friction Stir Welding[J]. Metz，France，2004.9：14-16.

［107］ 从保强，齐铂金，李伟，等. 脉冲电流频率对2219铝合金焊缝组织性能的影响[J]. 焊接学报，2010，31(9)：37-40.

［108］ 毛卫民，朱景川，郦剑，等. 金属材料结构与性能[M]. 北京：清华大学出版社，2008.

［109］ 杨成刚，国旭明，张洪飞，等. 电磁搅拌对2219Al-Cu合金焊缝组织及力学性能的影响[J]. 金属学报，2005，41(10)：1077-1081.

［110］ 谢优华，杨守杰，戴圣龙，等. 含锆铝合金的力学性能和强化机理[J]. 中国有色金属学报，2003，13(5)：1192-1195.

［111］ 赵鑫亮. 铝合金的变极性TIG与VPPA焊接工艺研究[D]. 哈尔滨：哈尔滨工业大学，2005.

［112］ 郭飞跃. 2195铝锂合金焊接接头组织与性能[D]. 长沙：中南大学，2003.

［113］ 夏田，朱锦洪. 隔直电容在逆变电源中的作用[J]. 电焊机，2004，34(3)：53-55.

［114］ 杜中义. 隔直电容在弧焊逆变器中抗偏磁能力分析[J]. 电焊机，1997，27(6)：12-13.

[115] 高春轩,撒昱,叶志生,等.全桥变换器中磁通不平衡的抑制[J].科学技术与工程,2007,7(19):5063-5065.

[116] 罗建武,罗文杰.偏磁的起因和消除方法[J].电工技术学报,1999,14(6):73-77.

[117] 涂方明,王志飞,孙巍.UPS 电源输出变压器的偏磁分析[J].船电技术,2004(3):34-38.

[118] 许峰,王健强,徐殿国,等.全桥软开关 PWM 变换器中变压器偏磁机理及抑制方法的研究[J].电子器件,2002,25(2):121-126.

[119] 申哲,张人豪.全桥式逆变电路抗单向偏磁自动调节保护电路[J].电焊机,1990(1):1-7.

[120] 申哲.全桥式逆变直流点焊电源的研制及其焊接质量的控制[D].北京:清华大学,1991.

[121] 柳刚,胡绳荪,孙栋,等.焊接逆变器偏磁问题及其防止措施的研究[J].电焊机,1993(4):20-23.

[122] 朱振东,翟志军,许大中.逆变器中高频变压器偏磁的研究[J].电力电子技术,1997(1):14-15.

[123] 张伟,张东来,罗勇,等.推挽电路中变压器偏磁机理及抑制方法的研究[J].电力电子技术,2006,40(5):101-103.

[124] 刘晖,祝龙记.逆变电源变压器抗直流偏磁的研究[J].煤矿机电,2006(4):48-51.

[125] 李靖宇.换流变压器直流偏磁的试验研究[J].变压器,2005,42(9):25-27.

[126] 朱天琪.逆变弧焊电源中变压器的偏磁与保护[J].电焊机,2005,35(6):56-58.

[127] 段善旭,刘邦银,彭力,等.全数字化逆变电源输出变压器偏磁问题与抑制[J].高电压技术,2003,29(10):1-3.

[128] 张黎,朱忠尼,金茂森.一种具备软开关功能的防单向偏磁电路[J].电工技术杂志,2000(1):20-22.